U0146701

停下、询问和探索

［美］琼·鲍尔（Joan P.Ball）著

闵梦婷　张亚轩　译

中国出版集团
中译出版社

著作权合同登记号：图字 01-2023-3394 号

图书在版编目（CIP）数据

寻路之旅：停下、询问和探索 / （美）琼·鲍尔著；
闫梦婷，张亚轩译 . -- 北京：中译出版社，2023.11
　　书名原文：*Stop, Ask, Explore*
　　ISBN 978-7-5001-7560-5

　　Ⅰ . ①寻… Ⅱ . ①琼… ②闫… ③张… Ⅲ . ①成功心
理—通俗读物 Ⅳ . ① B848.4-49

中国国家版本馆 CIP 数据核字（2023）第 178105 号

寻路之旅：停下、询问和探索

XUNLU ZHI LÜ : TINGXIA, XUNWEN HE TANSUO

出版发行 / 中译出版社

地　　址 / 北京市西城区新街口外大街 28 号普天德胜大厦主楼 4 层

电　　话 / 010-68003527

邮　　编 / 100088

策划编辑 / 张　旭

责任编辑 / 张　旭　王　滢

封面设计 / 末末美书

封面图片 / 视觉中国

排版设计 / 韩振兴

印　　刷 / 北京中科印刷有限公司

经　　销 / 新华书店

规　　格 / 880 mm × 1230 mm　1/32

印　　张 / 6.5

字　　数 / 160 千字

版　　次 / 2023 年 11 月第 1 版

印　　次 / 2023 年 11 月第 1 次

ISBN 978-7-5001-7560-5　　定价：59.00 元

写给我寻路旅程中的伙伴：
马丁（Martin）、凯尔希（Kelsey）和安德鲁（Andrew）。

人类通过探索，发现了岛屿和大陆。这些地方最早由冒险家们记录下来，叙述探索和冒险的故事就是他们的生活，只有经历过神话般的旅途，才能到达这些未曾踏入过的地方。

——詹姆斯·P. 卡斯（James P. Carse）

推荐语

优秀的领导者能在前路充满未知时创造有利条件，为身边的人赋能，推动他们进步。本书中，作者提供了经过实证的框架和实用的工具与方法，帮助领导者们培养出有能力独立面对挑战的团队，实现从新手经理人向高层管理者的转变。

——弗朗西斯·弗雷（Frances Frei）

哈佛大学商学院教授，著有《赋能型领导》(*Unleashed: The Unapologetic Leader's Guide to Empowering Everyone Around You*)

很多著作都简单地主张我们需要应对变化、适应变化，或在变化中生存，但这本书却没有止步于此。琼·鲍尔以一种十分清晰和亲切的方式帮助我们在变局中找到力量。一旦我们理解了书中的方法，我们便不再是被动应对变化，而是实现了自身的蜕变。

——凯特·兰伯顿（Cait Lamberton）

宾夕法尼亚大学沃顿商学院营销学特聘教授

建立一个女性能够实现自身发展的职场，需要组织中每一个部分都承诺做出转变，这意味着要反思一切。在本书中，琼·鲍尔提供了一个帮助我们进行试验并采取行动的框架模型，驾驭变革之路上实际存在的混乱与未知。

——明达·哈特（Minda Harts）

纽约大学瓦格纳学院助理教授，著有《职场中的权利：如何治愈种族歧视带来的创伤》(*Right within: How to Heal From Racial Trauma in the Workplace*)

这是一本精彩的书，书中提出的问题辞微旨远，有助于推动我们所有人走向成功，走向更加美好、踏实、有趣的未来。

——汤姆·古德温（Tom Goodwin）

ALL WE HAVE IS NOW公司首席执行官，著有《数字达尔文主义：营业中断时代的适者生存》（*Digital Darwinism: Survival of the Fittest In the Age Of Business Disruption*）

那些顽固的工程师们通常不愿钻研软技能，并对此持怀疑态度，而本书作者琼·鲍尔用自己的真诚、出色的能力和幽默感点燃他们的执情。在她演讲的过程中，我目睹了听众们姿态的变化。他们一开始双臂交叠、背靠座椅，后来则是身体前倾着与琼互动。琼的演讲内容精彩丰富，使听众们相信：在"积极等待"的时期培养具备复原力、善用工具和心存希望的团队非常重要。

——金·弗瑟（Kim Ferzer）

威瑞森通信公司旗下Verizo Media公司首席信息官

干扰往往会引起两种极端反应：就像鹿在遇到车灯照射时，要么是吓得无法动弹，要么是惊得出现"膝跳反应"。本书提出了一套结构化的原则和新颖而实用的工具，使领导者在面对干扰时能够采取真正有效的行动。这本书是读者选择最佳道路通往"下一阶段"的桥梁。

——安德莉亚·凯特（Andrea Kates）

苏玛基金（SUMA VENTURES）合伙人，著有《商业基因组方法帮你找到公司的下一个竞争优势》（*Find Your Next: Using the Business Genome Approach to Find Your Company's Next Competitive Edge*）

过去数年，领导层需要权威的专家，在相对确定的情况下来执行那些已经明确的任务，自上而下地推动生产力。当下的领导层则需要谦虚、好奇的学习者，激励他们的员工，在一个不断变化和充满不确定的世界中，自下而上地探索、发现和构建新的挑战。这不是一本关于"如何做"的书，因为书中已经说明，我们不会回到过去，前路也充满未知。因此，我们需要学习如何在迷茫、探索和寻路阶段保持良好状态。这就是本书的主旨所在。

——希瑟·麦高文（Heather E. McGowan）

未来职场策略规划师，著有《适应优势：放手一搏，快速学习，在未来的工作中茁壮成长》（*The Adaptation Advantage: Let Go, Learn Fast, And Thrive In the Future of Work*）

每个人都曾经历过从"现在是什么情况"到"接下来会发生什么"的转变。在这本精彩的书中，琼·鲍尔讲述了许多引人入胜的故事，结合多年缜密的研究展开分析，帮助你面对人生道路上的转变。本书不仅能够推动你的职业发展，还能为你的生活倾注活力。我强烈推荐！

——格雷格·萨特尔（Greg Satell）

转型和变革专家，著有《逐层影响：如何实现推动转型的变革》（*Cascades: How to Create A Movement That Drives Transformational Change*）

前言

那天我告诉父亲，我接受了纽约爱迪生联合电气公司（Consolidated Edison）的工作邀请，即将成为一名通讯经理。那是1994年，我还是一名28岁的大学毕业生，也是一个单亲妈妈，我的孩子一个5岁，一个6岁。父亲听了这个消息后激动万分，他确信，那时的我经过生活琐事和职场的历练后，终于"回到了正轨"。

"爱迪生联合电气公司很可靠，待遇可观，这份工作你可以干一辈子了！"他说这些话时，满眼都是喜悦与欣慰。

父亲出生于1940年，在布鲁克林工人社区长大，后来成为了纽约市的一名消防员。他认为，在纽约市的一家规约公用事业公司任职，这意味着我可以带着孩子们过上稳定的生活，我们的前程一片光明。这种观点在上世纪不足为奇。

英雄所见略同，我也这么认为。

那是20世纪90年代中期，没有人知道未来将会发生什么。

自电业放松管制之后，从互联网泡沫、全球化、个人计算机和互联网普及、移动通信技术、社交媒体，到"9·11"恐怖袭击事件、学校枪击案，2008年经济大衰退、弗格森枪击案、"黑人的命也是命"运动、"MeToo"运动、新型冠状病毒大流行……变局接踵而来。20世纪60至70年代的美国并不平静，但许多人在20世纪末期仍然天真地认为，一个拥有州立大学经济学学位的单亲妈妈只要足够努力，就可以找到满意的工作，拥有合意的伴侣，住上心仪的房子，过上舒适的生活。许多人仍抱有希望（甚至是妄想），认为一切会"恢复如常"，我们还可以继续做"二战"后的美国梦。

尽管我们的职业生涯在经济衰退时开启，但我们这些在20世纪80至90年代成年的人却受益于这种理想主义。怀揣这些希望，我们马不停蹄，一刻不敢分神。它为我们提供了一份理论框架下的行动指南——即使我们对此不敢苟同。我们就像一群飞机失事后迷失在茂密森林中的幸存乘客。前方是无数的不确定事件，恐惧、绝望充斥四周，即便如此，我们依然跌跌撞撞地探索着，希望碰巧发现一个偏远小镇或遇上一支搜救队。

那么，如果搜救队没来呢？那些根本没有上飞机的人会怎样？幸存乘客必须寻找生路，但当他们意识到留在原地已不可能，前进路上又有诸多未知时，又会发生什么呢？X一代率先面临这种问题，之后是千禧一代，现在轮到了Z和A两代人。此刻，在这瞬息万变的环境中，我们与前几代人都要面对新的生活和工作方式。于我而言，这意味着要付出很多，我换了六份工作，修了两个研究生学位，开了自己的小公司，还实现了从传统产业到学术界的惊人转变！这些都是1994年我与父亲探讨"终身职业"之后做到的。尽管终身教授、研究员、作家、顾问这些身份为我带来了稳定的工作，但我相信，学会适应新的想法和技术将会为我们带来更多惊喜、机遇和挑战。

倘若想在新的领域站稳脚跟，取得成绩，我们必须接受，许多曾经为我们提供慰藉和指导的策略和工具，在新的环境中也许不再受用。事实证明，21世纪20年代是一个挥斥方遒、凝神沉思的时代，是一个重新定义美好生活的时代，是一个尊重他人、共享资源、相互影响的时代，是一个与思维习惯、行为举止和生活方式大相径庭的人携手并进的时代。我们需要跟上技能迭代的步伐，学会终身学习，避免被新时代淘汰。身处边缘时代，我们的前方是一片未知，想要在这片未知的领土找到前进的方向，就必须学会应对不确定事件与变局。

在瞬息万变的时代，探索新的生活、学习、领导方式是一个令人兴奋又让人畏惧的过程，这需要我们抛出难题，脱离已有的经验去探寻新的答案，而答案常常出乎意料。想要知道哪些框架模型和工具在实践中有益，哪些需要调整来适应新的情况，就必须不断探究，时刻观察。在变幻莫测的环境中保持冷静、取得进步，能力、技能和实践缺一不可，但这些都无法通过一份简单的行动指南来获得。此外，个体和所处环境存在差异，我们要提升能力，灵活应对多种可能的情景，做到处变不惊。在面对或预感到将要面对选择和变化而感到不知所措时，提升能力应对当下尤其重要。

接下来的几页，我想请你重新想象自己与不确定性和变化之间的关系，这可能会令你感到害怕或沮丧。这个过程不是为了让你舒适心安，而是培养复原力的必经之路。

本书并不是一本变化应对指南，它将带你认识到学着"停下"的益处。"停下"是为了继续学习和提升，"停下"能够让你累积所需知识，在变化来临时学会接受它。停下一段时间，让好奇心渐渐平息，我们就能在新的环境中思考需要调用哪些资源来应对（而非被动反应），"询问"该如何以最优解来处理这些问题。之后再结合你是谁、你在哪、你希望去哪这三个问题，探索新的可能性。这是一本讲述如何提高能力直面不确定性，以及如何在干扰与混乱突然来临时实现个人发展的书。

这本书浓缩了我近10年的研究，只围绕一个问题展开，即：是什么因素可能让那些才华横溢、雄心勃勃、思维灵活的人没能应对好不确定事件，最终与更有意义的生活失之交臂？这个问题可不简单。大约10年前，这些问题就激起了我的好奇心。那时，我发现我的商科学生初入职场时普遍会"停滞不前"。那是20世纪10年代初，千禧一代正步入成年期，20多岁的年轻人刚刚进入职场，"缺乏成年人本该具备的技能和动力"成为最常用于形容他们的字眼。2013年，卡尔内瓦莱（Carnevale）等人发表的《未能启动：结构转移和新的迷失一代》（*Failure to Launch: Structural Shift and The New Lost Generation*）和弗莱（Fry）的《越来越多的成年人住在父母家》（*A Rising Share of Adults Live in Their Parents' Home*）。

研究报告都提到了2008年金融危机后的职场：蓝领和白领工人们开始面临职业生涯的挑战。成人初显期理论是当时发展心理学中一个相对较新的研究领域，由阿内特（Arnett）提出。这一理论需要人们认识到，关于婚姻、家庭和其他传统意义上代表"长大"的文化习惯已经发生了转变，因此在工业化国家中，20多岁便是一个新的人生阶段。

当时，许多人对成人初显期理论嗤之以鼻，他们更愿意相信年轻人只是懒惰只是安于依靠父母。这种局势是由成百上千个钓鱼网站标题引发的，这些标题党将一代人在成年道路上的迷失归咎于"啃老"，这些孩子更愿意住在舒适的父母家中，迟迟不愿开启自己的人生，而父母也总当他们是长不大的孩子。久而久之，这种对上层社会经济等级家庭年轻人的批判成为了刻板印象，以一种跨越阶级、民族、种族和国界的千禧年现象进入了公众的视野。

但我发现，商学院的本科和研究生截然不同。许多学生雄心勃勃，奋发图强，他们渴望自力更生，却又被债务、严峻的就业市场和全球范围内不断上涨的房价束缚住手脚。至少从这点看来，年轻人依靠父母也情有可原。经历了2008年经济危机后，20世纪10年代初的经济仍蹒跚前行，劳动力就业市场依然不容乐观。然而，千禧一代并不是第一批在艰难时期步入成年的年轻人，像新冠肺炎疫情这样的事件表明，他们也不会是最后一批。如今这群毕业生与千禧一代所面临的经历就有些不同。

我记得有次在办公室里，坐在我对面的年轻人与我谈论自己和父母住在一起的感受。他很感激父母，但也感到困顿迷茫。"我想靠自己，"他泪流满面，"但我就是看不到前进的方向。"我越是探究收集这些年轻人的故事，越是心生怀疑，这中间是否缺失了对这种停滞和"无法开始行动"背后原因的分析？

这种困境不仅仅局限于我的学生们。

我把调查范围扩大到了20多岁、30多岁、40多岁及以上的专业人士和他们的团队，结果发现，处于不同年龄、不同人生阶段、不同社会经济和文化环境的人都曾遇到类似的困境。我在新任领导者身上看到了这种困境，他们正在规划新的职业道路、寻求新的整合方法，但他们却可以很好地平衡工作和生活。我在纽约市社会创新中心的工作中，看到了这种困境，那里有300多家中小型社会企业正在重新构想社会契约，探索全球范围内商业交往和人类之间的关系。我在与传统商业组织合作的团队和部门中，看到了这种困境，他们积极开拓创新，适应新技术和日益不确定的职业前景带来的变化。我在全球各地与我深耕于同一领域的职业女性身上，也看到了这种困境。

我利用转变工作坊（涉及针对不同年代人群的参与式行动研究）和在成熟组织和初创公司中一对一的接触展开了研究。通过参与新任领导、成熟领导、小企业主、社区领袖和教育工作者举办的多天静思会，我得以进一步了解大家在职业和个人生活中与变化和不确定性角力时所面临的挑战。虽然他们每个人的教育背景、所处环境和社会经济资源各不相同，但这些聪明睿智、心怀抱负、才华横溢的人都在寻找词语来描述这种无法用言语描述的东西，这些东西一直阻碍着他们的个人发展。

我在继续探索的过程中发现，流行文化开始用新的词语来形容转型期遇到困难的人。在职业生涯初期，人们用"四分之一人生危机"（quarter-life crisis）和"做大人该做的事"（adulting）等术语来描述20多岁和30多岁的职场新人如何为实现职业及个人志向和承诺做出转变（罗宾森，2015）。"三明治"（sandwich）或"帕尼尼"（panini）被用来描述40多岁的中年人——他们在照顾年迈父母的同时，还面临抚养年幼孩子的压力（威廉姆斯，2004）。"第三人生"（third act）是指长者在传统的退休年龄过后的几十年里探索如何生活和保持活力（布莱克，2020）。当然，过渡到人生的不同阶段总是会面临诸多挑战。那么，为什么这么多人都会在过渡期遇到如此多的困难？美国诗人罗伯特·弗罗斯特（Robert Frost，1874—1963）在1915年的作品《未选择的路》（*The Road Not Taken*）中给我们暗示了一个答案。

想象一下这个画面：弗罗斯特站在岔路口上，他必须从面前的两条路中选择一条。他在诗中写道："我在那路口久久伫立，我向着一条路极目望去。"弗罗斯特向两条路望去，希望看到些什么来帮助他做出决定。他最终做出了选择，随之而来的是机遇，也是未知。这便是20世纪初人们口中所说的"错失恐惧症"*。

那么，如果弗罗斯特身处21世纪20年代，又会写下什么呢？

技术更新迭代，文化规范快速更替，社会与家庭结构不断发展演变，新的工作和生活方式陆续出现。21世纪的旅人们面前有无数条道路，但无论选择哪条，都会通往变幻莫测的丛林。人生中的选择数不胜数。我们要选择在哪里生活、要过怎样的生活，以及为什么这样做，这些选择是我们在前行中为自己铺下的路，是一条只属于自己的新路。新的领域总会带来无数机遇与可能，各行各业的人们都兴致高昂，想要开创一片新的天

---

* 错失恐惧症：FOMO是"fear of missing out"的缩写，指人们总担心失去或错过什么的焦虑心情。

地。但是，自由选择新的生活和工作方式也可能会破坏已有的稳定，使人感到迷茫和挫败。如果在20世纪早期，弗罗斯特笔下的旅人就在面对分岔路时驻足沉思，那也难怪我们在面对自己的选择时会感到困顿迷茫、犹豫不决了。我开始明白，这就是那缺失的一环，这将是解读千禧一代和其他案例中的人们在面对不确定过渡期时遭遇初期挫败、停滞不前的关键。人们总觉得涉足新的领域需要具备诸多能力，当我们认为自己和他人的能力不足以开拓一片新的天地时，我们的情绪、身体和社会关系都会受到影响。

正是出于以上原因，我写下了这本书。本书不会提供解决方案，而是会呼吁人们去询问、探索，最终使自己具备不借助外力也能探索前进道路的能力。这本书有着扎实的理论基础，围绕身处转型期的个人、团队和组织的研究展开论述，具有较高的实用性。本书内容由三个主要部分构成，另有两章旨在帮助读者为独自或带领团队开启寻路之旅做好准备。

第一部分围绕自我调节、复原力、好奇心和概念隐喻理论展开，从现有的参与式行动研究中总结出框架、原则和实践。这一部分中也引入了新的概念，即好奇心冷却期和积极复原力，以此帮助人们在迷茫的转型期缓和应激反应，为过渡期学习创造空间。

第二部分介绍了基于希望理论的框架模型，旨在促进自我意识和自我导向意义构建，探究过渡期学习空间。

第三部分介绍了试验设计的框架，以及通过学习、辨别、选择、确认框架脱离阈限学习空间。

另外，本书末尾提供了详细的学习资源和参考资料清单，供有兴趣的读者了解更多关于实践背后的理论。书中的案例全部基于真实事件，其中有些人物使用了真名，有些则是化名。他们的情况各不相同，能够为这些框架、原则和实践成果的形成提供研究素材。为保护匿名者隐私，文中事件已做出修改。

这本书旨在成为一份适用于任何情景的实用指南，无论是社会阶层的变化，还是来自家庭、工作、健康或业务的变化，它都会助你学会如何面对不确定事件，在阈限状态下实现个人发展。我希望这本书可以进一步推动针对新群体的参与式行动研究，鼓舞大家互帮互助，学会在迷茫期适应变化。

罗伯特·麦基（Robert McKee）在其著作《故事》（Story）的开头写道：规则说，"你必须以这种方式做。"原理说，"这种方式有效……而且经过了时间的验证。"在接下来的篇幅中，你会发现，在不确定时学会驾驭变化，并没有什么规则可循。现实情况瞬息万变，我们无法为你找到适用于所有情况的办法，况且这样做往好里说对你们毫无益处，往坏里说则是百害而无一利。因此，我想请你思考停下来，抛出问题，并探索各种可能性的意义，从而帮助你了解如何能够适应21世纪不断变化的生活；我也想请你意识到，匆忙之下做出的决定不一定是最好的，请你看到打开思路，投入时间进行自我反思、意义构建、分辨和探索前路更具价值。希望你找到自己前进的道路，或者像我的朋友兼同事巴哈特（A.M.Bhatt）常说的那样——让你的路找到你。

目录

▶ **第一章 "问题时刻"**

办法很多，但欠缺实践 / 04

停滞、干扰和"问题时刻" / 09

停下、蹲下、打滚儿 / 011

停下、询问、探索 / 013

第一部分 停下

▶ **第二章 培养积极的复原力**

我被解雇的故事 / 029

保持冷静 / 030

培养积极的复原力 / 032

复原力转盘 / 034

▶ **第三章 别急着转向**

究竟什么是转向 / 044

关于隐喻 / 045

为积极等待创造空间 / 047

隐喻与"问题时刻" / 051

▶ **第四章　迷失在转型期**

迷失的心理学　/　060

过渡性学习空间　/　061

在边缘空间学习　/　063

找到"真北"的秘诀　/　064

第二部分　询问

▶ **第五章　健全的自我意识**

这不就是常识嘛！　/　078

为什么要有清晰健全的自我认知？　/　081

在实践中塑造健全的自我意识　/　083

开始塑造感知　/　087

▶ **第六章　聚焦**

几种寻路类型　/　94

希望指南针　/　98

解决棘手问题的方法　/　100

一些注意事项　/　106

▶ **第七章　可能性是什么**

停下来，收集碎片　/　109

先别急着归类！　/　111

发现可能　/　113

第三部分 探索

▶ **第八章 在实践中学习**

认识世界的方法多种多样 / 124

试验设计画布 / 127

我想知道 / 131

实践中的试验 / 138

▶ **第九章 从探索到执行**

学习 / 147

辨别 / 148

选择 / 148

确认 / 151

▶ **第十章 现在，随热情而舞**

多少才够呢? / 155

发挥自己的影响力 / 156

希望和影响力 / 159

▶ **第十一章 "问题时刻"与未知中的生活**

请准备好应对"问题时刻" / 164

保持自信和谦虚 / 166

帮助他人应对"问题时刻" / 168

▶ **结语**

技术、科学和虚拟现实 / 179

在虚拟现实中终身学习 / 179

医疗保健、心理健康和人性 / 180

致谢 / 182

拓展阅读与参考文献 / 184

第一章 "问题时刻"

日常生活中的停滞与冲突总是不可避免，但我们又不能将精力倾注于实现一个目标。现在，是时候去探索这些时刻中蕴含的创造潜力了。我们不是要漫无目的地过日子，而是要不断地寻找目标，重新定义生活。

——玛丽·凯瑟琳·贝特森（Mary Catherine Bateson）

我在纽约市的一次辅导活动中认识了阿什利·里格比（Ashley Rigby）。这次活动在一家已有百年历史的家具设计公司举办，这家公司设计的展厅遍布全球。我们在一个精心布置的甜品台旁相遇，阿什利的盘子里装满了水果和奶酪，她倒了一杯苏打水，告诉我，她是这个公司的地区销售经理，也是此次活动的联合主办人。在会议间隙的10分钟里，我得知阿什利在公司里小有名气，正处在上升期，高层领导已经注意到她。我还了解到，尽管阿什利有晋升和职业发展的机会，但她仍然考虑离职去追寻梦想。

"我和母亲、妹妹已经开始行动了，这其实还只是副业，但我很想把它做大。"阿什利这样告诉我。接着，她又提到了一个名叫"果酱项目"的社区组织，她们共同开发了这个项目，旨在为女性提供一个互联互通、共享资源的空间。"果酱项目"在纽约州布鲁克林市和康涅狄格州哈特福德市开展了试点活动，在跨代职业女性群体中获得了良好口碑。阿什利坚信，只有离开公司，全力投入，这个项目才能取得进一步发展。尽管我还不怎么了解他们，但很显然，阿什利和她的合伙人们有远见、有技能，也有能力经营新的企业。阿什利渴望做一些有意义的事，这样既能服务他人，又能实现自己的理想。

但她的内心非常矛盾。

她向我描绘着她眼中前景光明的工作、极具潜力的项目，还有她与丈夫和两个孩子的幸福生活，但是这三者她都无法保证，甚至无法分出先后。阿什利说这番话时，一会儿神采飞扬，一会儿又犹豫迟疑。她当然有能力做出艰难的决定并为之坚持，但她一直在努力试着找到平衡，尽力都做到最好。尽管阿什利在这过程中遇到了困难，但她相信自己总会找到办法。这些想法让阿什利在工作、副业和家庭责任之间忙得团团转，她必须坚持，直到找到那个平衡点，但是她也知道，这样坚持不是长久之计。我们还约好下周一起喝杯咖啡。

在授课、做研究和咨询实践中，类似阿什利的故事我已经听了数百次，只不过形式不同、原因各异。无论是与大学生交谈相处，指导职场菜鸟在事业与生活中找到平衡点，渡过新人转型期，还是帮助成熟领导者与其团队一起想象未来的工作愿景，他们的故事都各不相同，但有一点却不谋而合：**即便是学历最高、最具才华、最饱经世故的人，在面对职业和人生的岔路口时也会（并且常常）陷入困境。**

> *Regardless of the particulars, even the most educated, talented and experienced people can (and often do) get stuck when they stand on the threshold of an uncertain professional or personal transition.*

很多人都像阿什利一样，面对一条不知通往何处的道路，只能漫无目的地艰难前行。又或者，突然到来的一条短信、一个电话或一封电子邮件打乱了我们已有的计划，无论新的消息是好是坏，我们都不得不重新规划未来的道路。在职业生涯和个人生活中，类似工作调动和与难相处的同事打交道的事件不可避免，无论它们会带来什么样的干扰和烦恼，都会破坏我们的计划，影响我们的心态。虽然许多人可能觉得自己天赋异禀，总是能躲开那些不讨喜的意外事件，但即使是生活中最常见的变化，比如毕业、结婚生子和工作晋升，都可能让我们反思自己的生活和工作方式。我们都清楚"唯一不变的只有变化本身"，也认同我们需要"对变化带来的不适习以为常"，但即便如此大多数人也很少花时间精力学着适应不确定的转变期。虽然这并不是因为缺乏尝试。

无论是去书店，还是在线访问图书资源，你都会发现，与变化相关的书籍多达数千册，累计销量已有数百万。大多数人都知道，均衡营养的饮食加上规律锻炼能让人保持好身材；本书的读者自然也都知道，世界在不断变化，只有提升技能才能与时俱进。这已经不是什么新鲜事。也许你已经下定决心，要在职场和生活中培养成长型思维，学习新技能，提高情商，成为更加善解人意、灵活多变的人。但是，如果你只是随波逐流，那么只能在理想与现实之间的鸿沟中生存。这时，如果再遇到停滞或干扰，就会发现自己陷入了那个常见的难题：我们在理想、框架和变革管理方法中迷失了自己，当不确定性的转型期来临时，我们仍会觉得自己能力不足。

办法很多，但欠缺实践

在这个信息至上的时代，人们总认为掌握的信息越多越有利，但在现实中，有关应对变化的工具和策略数不胜数，依赖它们甚至可能有碍于我们在迷茫期应对变局。套用旧方法应对新挑战，还可能加剧面对干扰时的信心，使我们迷失方向。这似乎违反直觉。就好比建筑承包商不会在每项工作中都用到卡车上的所有工具，我们也不需要用到所有工具应对每一个不确定的转变。根据情况选择合适的工具，发挥它的最大效用是我们鲜少谈及，在实践中也很少涉及的技能。因此，即便我们手握工具，知道如何使用它，也还是常常感到迷茫困惑。

每当有人拿着手机对别人说："这东西能查到世界上所有的信息，为什么你还是不知道该怎么做？"我都会想到这点：试想一下，如果掌握搜索技术就知道如何对搜索结果加以利用，那么你只需要站在美国国会图书馆（世界最大的图书馆，位于美国华盛顿特区）的大厅，就能在生活中灵活运用那里的1.7亿馆藏。不过很可惜，我们的教育、培训和职业发展理念大多基于这样的设想——只要掌握了关于变化和不确定性的信息，我们就知道如何利用好它们，在不同情境下都能收放自如。

We spend tons of time, energy and money on learning about change rather than developing consistent and sustainable practices and approaches to help us apply what we learn in context.

这样做的结果就是，**我们花费了大量的时间、精力和金**

钱来了解什么是变化，却没有掌握长期有效的实践方法来指导我们灵活应对变化。

这可能要归咎于我们总是在做决定时追求实效性和决断力。在如今这个快节奏的社会，追求效率和极致成了首要任务。若是在迷茫时选择停下来，抛出问题、探索答案，这样花费时间和空间的方式委婉来说算是奢侈，再直白一点，就是优柔寡断。因此，我们常常在没有充分了解新事物的情况下匆忙做出了决定，接着就会在过渡期迷失自我，走上与曾经规划道路相去甚远的新路，或者成为了自己从未设想（或希望）成为的人。阿什利的故事就是一个例子。

我们如约喝了一次咖啡。那天我们聊了很久，很显然，阿什利专门抽出时间反思工作状况能获益更多。我邀请她和我一起单独静修。所谓静修，就是独自待在一个舒适的阁楼里度过几天完全自由的时光。没有定点用餐时间，没有研讨会，没有按摩冥想，没有闹钟，更没有时间规划。静修体验中只包含空间、时间和两段3个小时的交谈——一次在开始，一次在结束，目的是帮助参与静修的人明确自己的意图。参与者可以讨论任意内容，没有硬性规定，也不会要求他们必须做什么。我只需要（仅仅是一个请求）他们先把工作搁置一旁，暂时逃离朝九晚五的日常生活。大多数参与者表示，这是他们多年来第一次不用规划自己的时间，也有人说，自己成年后就再也没有像这样随心所欲地度过一段时间。

阿什利和大多数人一样，准备过一个高产充实的周末。她带了一个鼓鼓囊囊的帆布包，里面塞了十几本关于领导力和个人提升的书，我指了指那包书，阿什利和我都笑了。第一次谈话持续了3个小时，我能明显感觉到，阿什利带来的那些关于改变、转型和成功的书都是已经读完的。然而，当她想要学以致用，做出最后决定时，"怎么做？"和"做什么？"这两个问题再一次阻碍了她。我认真听着阿什利讲述自己幸福美满的家庭、对那份工作的热爱、对自己在公司角色的不满，还有对于将"果酱项目"发展壮大的渴望。阿什利说完，我问她：

"离职和留下，你只能选择其中一个吗？"

这个问题一针见血。

阿什利像大多数人一样，列出了一系列限制因素和问题，由此证明她的思路完全合理，即她的面前只有这两条路：是继续做原来的工作，同时做着自己的小生意；或者辞去工作，专注于发展"果酱项目"。"也许你是对的，"我追问道，"跟我说说你是怎么想出这两个选择的。"

阿什利陷入思考，但她还是没能表达出她的思考结果。她在描述自己预想的可能情况时，下意识地谈到了逻辑和常识。我们还讨论了一些遗漏的潜在选择，这些选择同样重要。我请她利用静修的时间好好分析自己当下的处境，然后再决定接下来如何选择。我给她留下了大素描本、白板、便利贴、记号笔和一些提示笔记，帮助阿什利整理思路。"别管那些书了！"我建议道，"你得知道自己正处于一个关键节点，一边是迷茫的现在，另一边是充满创意和可能的未来。"

这里有必要说明一下，当时我并不了解阿什利，我不知道她想要什么，也不知道怎样选择才对她的事业、家庭和生活最有利。我不知道离职对她来说是否是正确的选择，坦率来讲，我也并不关心。我无意为她指引方向，无论是帮助她迈向更大的成功、取得更高的薪水、拥有更好的生活，还是让她放缓脚步，都不是我的目的所在。我希望阿什利和所有阅读这本书的人，都能领悟玛丽·凯瑟琳·贝特森在本章引言部分撰写的优雅字句，它能指引我们认识到，**生活本就充满干扰与冲突，每个不确定的过渡阶段都蕴藏着巨大的创造潜力，这些潜力将助力我们重新焦聚自己的目标。**

> *The uncertain transitions we face across the span of our interrupted and conflicted lives offer tremendous creative potential to reflect, refocus and redefine our commitments.*

然而，我们经常将停滞与干扰视为一种威胁，因此忽视了它们能够带来的创造灵感。我把这种时刻称为"问题时刻"（What Now? Moments）。在"问题时刻"，人们会因为面对不确定的转变而迷茫困惑、踌踌不前。尤其是当我们无法立即做出最佳反应时，往往会变得思想消极、情绪激动，出现膝跳反应。因此，我认为了解"问题时刻"，培养在职场和生活中适应变化的能力在21世纪尤为必要。那么，是什么阻碍着我们呢？

停滞、干扰和"问题时刻"

停滞与干扰常以多种形式出现。包括我们内心的想法、感觉和志向，也包括预期之内和意料之外的事件，这些事件会打乱我们的计划。如图1.1所示，它们可能尖锐棘手，比如意外丢了工作或被迫治疗慢性疾病；也可能如我们所愿，比如得到一个重要的晋升机会或者与爱人订婚。但无论如何，停滞与干扰都会分散我们的注意力，打乱生活节奏。

当然，并不是所有的停滞与干扰都会影响生活。当前进道路一片明朗时，我们很快就能恢复如常，继续前进；而当前进的道路不那么明朗时，我们会感到失落不安，这可能会让我们迷茫和分心，甚至情绪失控。

大量研究表明，如果恰当利用资源，就有可能缓和这些情绪，还会因此收获颇多。

所以，为什么不试试呢？

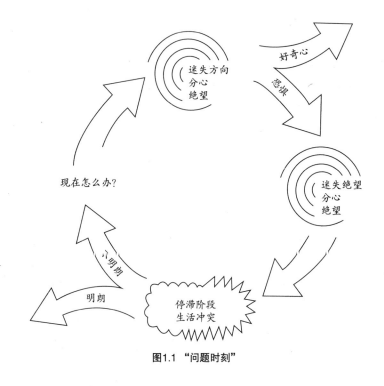

图1.1 "问题时刻"

"没有时间了！""你不明白我们面对的是什么！"是大家面对"问题时刻"最常见的两种反应，所以人们常常做出匆忙而鲁莽的决定，无法留出时间与空间探究实际情况。探究的过程需要从认知导向转为学习导向，在这个崇尚决断力的社会中是反直觉的。身处"问题时刻"，无论你是否掌握足够的信息，都需要适应周遭环境。如今的社会以切实可靠作为评估领导力的标准，在此背景下，"停下"不免存在风险。不过还好，我们可以借鉴过往经验（比如急救服务）来探究总结，学习如何

10

在有限的时间面对不确定事件时兼顾准确和专业。

◎以下问题供你思考：

你上次面对"问题时刻"是什么时候？

你当时的反应是怎样的？

你是否立即采取了行动？你回避了吗？

如果你在行动前停下来花更多的时间，不管是一周、一天，还是一小时来面对这种情况，你会做出怎样不同的反应？

停下、蹲下、打滚儿

作为消防员的孩子，我从小就被教育要把消防安全放在第一位。如果房子着火了，我知道走哪条路逃生，知道该如何从我在二楼的卧室最快地撤离，撤离时要蹲走前进躲避烟雾。如果我的衣服着火了，我会"停下、蹲下、打滚儿"。父亲还教导我，如果我选择的路线受阻，或者出现意外情况，那么无论之间的经验多么有效，都不再适用。"火是不可预测的，"父亲这样告诉我们，"你能做的就是制订一个方案，但也要准备好应对一切意外情况。"我在联合爱迪生公司工作已有几年，还深入参与了印第安角核电站的应急计划工作。像小时候规划撤离方案一样，我们为工厂及周围50英里地区内的场所制订了详细的应急管理计划，还进行了长达数天的演习，演练内容是：如果核电站发生事故，怎样让数百万人安全快速疏散。在那种情况下，父亲说得没错：我们能做的就是制订一个方案，但也要准备好应对一切意外情况。

我对大家在"问题时刻"做出的反应了解得越多，就越能想到父亲的话和我在应急计划方面的经验。人们在面对"问题时刻"和其他紧急事件时，往往都会产生情绪反应。我们会恐惧、惊慌、产生"战斗—逃跑—僵住反应"（Fight-Flight-Freeze）。这就是为什么，无论是消防演习还是学习停下、蹲下和打滚儿，我们都会在火灾发生前练习，以便在紧急时刻尽可能做好准备。

"停下、蹲下和打滚儿"可能对于一些人而言并不熟悉，这组词最早出现在20世纪70年代美国的消防安全公益广告中。推广消防安全的原因令人毛骨悚然。当时的睡衣多以涤纶为原材料，涤纶使用的是一种先进的纤维技术，十分易燃。尽管美国政府在1953年颁布规定，禁止使用涤纶，但涤纶仍在市场上销售，因此亟须发布防火公益广告，向公众普及如何处理着火的涤纶衣物。现在，不易燃织物广泛使用，但这个知识仍是全球众多国家学校安全教育的内容，所以孩子在面对类似突发火灾时能及时做出正确反应。如果没有这句广告语，人们在遇到火灾时可能还会冲动地向前跑，而不是停下来，蹲到地上扑灭火焰。这样的道理在准备应对不确定时期的变化时同样适用。

一旦"问题时刻"让我们产生威胁感，有种声音就会提醒我们：停下来，调整自己，抛出相关问题，探索多种可能的答案，而不是面对陌生的情况做出冲动的反应。跟随这种声音，我们才能避免在恐惧与冲动（膝跳反应）之下做出决定，在变局时做到思虑周全。我们在幼儿时期就会学习如何应对火灾和其他紧急情况，同理，在生活中，我们仍然可以提前为应对不可避免的"问题时刻"做好准备。

停下、询问、探索

"问题时刻"千差万别，但它们有一个共同点——当我们在面对这些时刻感受威胁时，每个人都会恐慌不已。即便是那些应急人员，或其他训练有素的人在遇到危机时也是一样。其实，管理应对威胁情况的反应也是专业人员训练中的一个环节。无论我们的经验多么丰富，在感到危机来临时都会下意识产生生理和情绪反应。这可能让我们感到不适，特别是那些经常在生活和工作中"玩火"的人。这样一来，我们对"问题时刻"的第一反应就像是发现了一栋着火的房子。如果能形成条件反射，下意识地停下来，抛出问题并探索答案，我们就能想到更有创意、更合适的点子，应对不确定的过渡期。

停下：平息煽动性激动情绪

陷入激动情绪，可能会落入"恐惧循环"。激动的情绪往往会与威胁感、迷茫、分心、沮丧等复杂情绪交织在一起，放大在面对不确定事件和变局时停滞与干扰的局面，这无异于"火上浇油"。通过停下来，认识并接受我们需要对威胁做出反应，而不是被迫应对干扰，这时，我们可以思考变化发生在何处，以及如何采取最佳应对策略。例如，不要一获得晋升就心花怒放，也不要一失去工作就忧心忡忡，要在选择前进道路之前考虑到可能产生的后果。

询问：学着克制好奇，开启过渡性学习

如果我们有意探究新的情况，开启学习空间，就可以进入"好奇循环"，也就是在停滞和冲突出现时缓和危机反应，有意探究，最终增强能动性、希望和动力。这种对于好奇心的克制有助于我们避免在"问题时刻"陷入"恐惧循环"（第二章会详细说到）。这可能涉及新的问题，比如除了金钱和头衔之外，晋升还意味着什么？你要承担怎样的责任？它与你生活中的其他领域有关系吗？它是否能推动你进步？

探索：创造机会，在实践中学习

如果探究结果表明这个岗位很适合你，或者即便失业也能为你指明清晰的前进道路，那么你有两个选项：接受它，或者换一个岗位开启新的篇章。祝你好运！结果清晰明确，无须探究其他。如果探究过程中遇到了新的重要问题，你还有许多方法探索新的可能性，包括试岗，或者在失业后投向新的行业或交叉领域培训。本书的后面章节还会继续探索。

无论如何，停下、询问、探索在提醒我们，面对"问题时刻"，我们有能力做得更好。现在回到阿什利的故事，阿什利在静修结束时终于明白，她热爱这个公司，非常珍惜自己在那里度过的时光。她还意识到，只有长期坚守自己的岗位，投入工作，才能与实现社区建设的理想更近。静修结束了，阿什利没有完成静修开始时她为自己出的那道选择题，而是决定在两者之间找到平衡，兼顾工作和她追求"果酱项目"的愿望。在这周结束时，阿什利打电话告诉我，她对老板说，未来她会为公司创造更丰厚的业绩。老板对她十分赏识，并表示"你总能想出这样的绝妙点子，这就是我们雇用你的原因"。阿什利花了一个周末，思考两条道路之外的新可能，一个新的选择出现在她面前，她能继续在设计公司和社区创造令人兴奋的机会了。

当然，并不是每一次的停下，和在当下与未来之间的思考，都会奏效。不断追求新的可能性，并不总能得到我们想要的答案，但它确实可以让我们做出更明智的选择，而不是在冲突干扰下匆忙做出决定。暂时的停下为我们创造空间来反思变化带来的影响，知晓变化如何影响我们对自己、对现实情况和对未来希望的认知。如今，人人都会说"再思考""再想象"和"创新"，但就在迷途中寻找自己前进的方向这点而言，大部分人（包括我自己）都还是新手。这本书无法治愈这种"症状"，但它提醒我们，"问题时刻"不可避免，但我们可以努力找寻方法应对未知的变化，开辟新的道路。

因此，请不要希望借此能激发你的超能力，也不要在你已经繁忙的日程表上再安排其他活动。这应是向你、你的团队、所在组织甚至是你的家庭发出的邀请。请你们考虑如何应对变化，如何收集需要的资源以便更好应对下一个"问题时刻"。如果你当下正面临这样的时刻，这将会成为一个机遇，帮助你找到最有效、最合适的新办法。这也是向所有读者发出的邀请，我们将一同面对人类的过渡期，让我们携手互助，重新构思、塑造我们的组织、社区和自己的人生，为21世纪人类繁荣而奋斗。

看吧，这本书不会要求你做什么，我只是希望你能在没有地图和指南针的帮助时，也愿意走进未知的世界，探索其中蕴藏的机遇。在过渡性的学习空间，我们得以认识到，在面对不确定的过渡期时，我们不会注定失败，当然也不能完全指望乐观的态度。我们要学会接受这样的事实：未知可能会让人感到不适，但这正是我们这个时代的人需要做的。因此，我们要向前辈们取经，学习他们面对不确定未来的经验；我们也要审视自己，明确自己想要过怎样的生活，希望为眼下的情况带来什么希望，以及在不确定时代共同生活具有的意义。

那么，现在该怎么做呢？

本章启示

◆生活中的"问题时刻"不可避免，我们需要做足准备，应对当下和接下来即将发生的不确定事件。

◆在21世纪，在迷茫之际弄清自己的处境尤为重要。

◆我们可以通过学习、关注和实践来改善我们与变化和不确定性之间的关系。

第一部分　停下

写给开始"停下"的你们。

对"停下"这一做法保持怀疑，是面对不确定事件时的正确态度。根据经验和下意识判断，在不确定时停下会有点反直觉，甚至有些危险。在这一部分，我想邀请你探索自我、职业与不确定性、过渡期和变化之间的关系。"问题时刻"不可避免，所以，了解我们是谁、希望去哪里，是我们在不断变化的环境中需要培养的思维模式。我希望你能在书上做出标记，利用好这些提示，希望你勇于接受挑战，也敢于挑战人生。这是你的旅程，我很荣幸能参与其中。

停下来会给我们带来积极的正能量，为我们的停下干杯！

Joan

第二章　培养积极的复原力

"想象你们正坐在这片沙滩上。"我站在落地式显示屏前，屏幕上循环播放着视频，向听众展现洁白的沙滩和碧蓝的天空，沙滩空无一人，海面在阳光的照射下泛起波光。海浪拍打沙滩的声音充斥着整个房间，我与众多企业领导聚集于此，共同参加纽约市社会创新中心举办的工作坊。我给出了一系列的暗示，在每个暗示之间短做暂停顿，给参会者提供思考空间，让他们想象自己身处于这个场景之中。

我问道。

"你们看见了什么？"。

"那里是否还有其他人？"

"你感觉如何？"

也许是平静蔚蓝的海面和清澈的蓝天让参会者的思绪流连其中，他们并没有很快开始讨论，随着互动讨论持续升温，房间里开始变得热闹。一些人想象海滩上摆满了五颜六色的遮阳伞、还有清凉可口的饮料和迷人动听的海岛音乐。另一些人则喜欢在安静的地方享受独处时光。大家的身心逐渐放松下来，开始享受交流的乐趣，他们的故事也越来越详细、富有个性。他们一起开怀大笑，惬意谈论着休假时与家人朋友外出旅游的经历。大家思如泉涌、讨论热烈，尽管几分钟前还是陌生人，现在已经完全沉浸在了热情的交流之中。每个人都描绘着自己的旅行经历，这些情景相互交织，编织成了一场盛大的沙滩派对。

我停顿了片刻，给他们时间沉浸于美好的海滩假日。接着，我切换了视频。第二个场景出现了，视频画面中，海平面依然平静，但场景中央出现了一艘即将倾覆入水的帆船。这艘帆船似乎刚刚遗弃不久。我再次提问："现在请你们想象一下，你们还坐在沙滩上，刚刚经历过一场沉船事故，你幸存了下来。游到岸边后，你身上沾满了沙土，筋疲力尽。你现在该怎么办？"

我曾带数百人做过这个思维练习，其中有学生，有领导，还有团队，结果却惊人地相似。一瞬间，房间的气氛发生了变化，人们从轻松愉悦的想象中抽出思绪，转而思考这个棘手的情况。欢声笑语的声音戛然而止，大家的语气变得沉重，肢体语言也随之变化，仿佛在说"让我们言归正传。"

大家围绕第二个场景的讨论表现与之前截然不同。沙滩场景是美妙的幻想，而在沉船场景中，大家开始组建不同的团队，以惊人的速度讨论具体方案。面对这个虚构的"问题时刻"，有些人甚至在讨论中语气激动，面露愠色。

　　除最初的提示之外，我没有再给出任何指导，有两个小组——我称他们为搜救者队和幸存者队，仿佛已经身临其境，开始了辩论。搜救者队认为，他们应该立即想办法离开。"我们应该在沙滩上画一个大大的"SOS"，或者游到那艘船上寻找照明弹，或者点起火来作为信号。"搜救者队想以此寻求海上船只或天上经过飞机的注意，与外部建立联系。幸存者队并不认可这个方案，他们反驳："不，我们得在太阳下山前，搭一个临时庇护所，还要找到食物和水。"在这一环节，我给参与者留出的时间越多，两个团队就越确信他们的方法才是正确的，越是积极捍卫各自选择的立场。团队成员信心倍增，其他人全然忘记了这是虚构情景，大家都仗义执言、当仁不让。

　　双方的争论仍在持续，这时出现了第三个群体——游离人群。这群人没什么凝聚力，他们悄悄拿起手机，借口去洗手间，或者干脆退出了讨论练习。一些人开始聚集闲聊，还有一些人独自忙于其他工作，或在房间的另一端观察大家的一举一动。我走过去，询问他们或者他们的小组会如何应对这种情况。大多数人说，他们会静观其变，看事态如何发展，然后再听从集体决定。还有人说，他们可能已经离开了沙滩，或者和一小群人一起去探索岛上的其他地方。终于，我打断了搜救者队和幸存者队之间的争论，提出了一个明确的问题：

"如果海岛的另一边有一个度假胜地呢？"

两个团队地停了下来，大家变得和和气气。这场景简直令人心生愉悦。之前还对自己的立场把握十足的人，一边环顾四周，一边尴尬地笑着。大多数人很快承认，他们在思考问题之前急于寻找解决方案（还有少数人总是指责，是这场景和我"不清楚的暗示"误导了他）。游离的人群终于开口说话了——他们通常口齿伶俐，表示自己可能已经找到了度假胜地，这会儿正在甲板上喝冷饮，等其他人解决问题呢。

◎请思考下述问题

在沙滩场景中，你最初认为的最佳解决方案是什么？

搜救者队和幸存者队承认他们操之过急，这个讨论练习的目的也渐渐浮出水面。大多数人笑着说"我懂了"。现在，无论他们之前支持哪种观点，都在不加思考地急于讨论解决办法带来的潜在危险。我们现在讨论的是，如何将"问题时刻"视作威胁，促使我们做出战斗（想办法生存）、逃跑（寻找救援）或僵住（拒绝选择）反应。"停下"提示我们承认第一反应，指出拓展思路的时机非常重要，这种做法有助于我们在面对威胁做出的第一反应（通常是情绪反应）与综合情绪和环境后做出的反应之间创造空间，在这中间，最关键的是便是时间。

当然，说起来容易做起来难。

"我没时间停下！"

"我不需要停下！"

"我已经在这里卡住了，你还要我停下来——我得搞清楚怎么往前走！"

我发现，每当我邀请大家在"问题时刻"停下来，就会出现以上三种反应。句子中的感叹号只是还原了大家的反应，绝对没有夸张。许多人把我让"大家停下来"这种呼吁视为一种警告，他们质疑我，认为我的建议是妄想。我怎么会认为，停下在他们身处的情况中是正确的选择呢？这种回应的潜台词就是：他们认为，我不知道自己在说什么，我也不知道他们正在经历什么。他们说，我无法得知他们是否有选择的余地，是否有兴趣或有必要停下来。

当你读到这里的时候，可能也会有同样的想法。

神经科学家、心理学家和其他专家学者深入研究了人脑在感知受到威胁时的生理和心理反应。他们的研究取得了显著成果，我们对大脑的了解比以往任何时候都深刻：我们了解大脑哪部分是活跃的，哪些反应会影响大脑的活跃度，神经系统如何参与其中，以及身体行为与心理的相互作用（哈特利，2010）。然而，这些生理学和心理学上关于威胁感知的理论突破在实际生活中对我们并没有什么帮助。**在面对不确定的环境时，即使是经验丰富、训练有素的人，也可能本能地产生膝跳反应。**

> *When we're presented with uncertain circumstances, even the most experienced and well-trained among us can default to knee-jerk reactions.*

本能反应有时是有益的。比如，当手离热炉子太近时，我们会本能地把手抽回；当孩子在操场上玩耍时手臂骨折受伤时，我们会立刻把他送到医院。这些下意识的反应合情合理，因为我们知道烧伤可以避免，断骨需要立刻接骨。但是，当我们过去的经历不能彻底影响对未来挑战的看法，需要适应不确定的环境时会怎么办？又该如何结合过去经验与变化的现实迅速采取行动呢？我们不妨借消防员的例子来思考这些问题。

消防员可以通过紧急规划和过往经验了解火势的蔓延，他们了解易燃物会如何加剧火灾，现场温度如何变化，不同材料燃烧时会产生哪些气体，以及哪里有可能发生回流和爆炸。消防队员接受过严格的训练，他们会确定一天中最佳的交接时间，避免遇到突发火情导致伤亡。很少有人比消防员的时间更紧迫。然而，哪怕他们个个都训练有素且经验丰富，哪怕时间非常紧迫，也没有哪个消防员或消防队会在到达救火现场后立即跳出消防车开展救援。

即便生命财产处于危急之中，但在高危环境中工作的人员都知道，只有在充分了解现场环境后，才能给出最佳应对计划。他们遇到的每个场景都大同小异，但他们仍会根据这些细微差别制定最佳方案应对紧急情况。消防队员接受过专业训练，面对火灾时，他们的生理和心理处于高度警戒状态，需要时刻在自己的能力和救人的信念之间权衡。他们虽然了解火，但并不了解每一场火灾的缘由细节。煤气引发的火灾不同于森林火灾，森林火灾又有别于石油引发的火灾。每一次火灾发生的场景都大不相同，因此，停下来判断目前的情况是有效处理紧急火情的必需前提。

虽然不是每个"问题时刻"都像火灾一样紧急，但是我们可以从应急人员身上学习应对变化和不确定事件的经验。每个人的情况截然不同，停下来判断目前职业和生活中的干扰混乱是有效解决问题的基础。我们需要虚心地结合专业知识和过往经验，认识到这些知识和经验可能有助于指导我们在新环境中的行动。实现这一目标需要打破我们对于变化的固有认识。

固有认识1：变化和不确定很可怕

从清晨睁开朦胧双眼的那一刻起，到夜晚降临闭上双眼的那一瞬间，你一直都在变化着，也在不断适应着未知的环境。大多数变化来得悄无声息，你甚至都没有意识到它的存在。是我们把可怕的变化和过渡视为了对自身或他人的威胁，而不是变化让我们感到心悸恐惧。

固有认识2：变化只有好坏之分

我们面对变化的反应各不相同，这取决于我们是谁，以及我们所处的环境。每一次让我们感到威胁的变化都有可能是另一个人正在经历的冒险。我们视某些变化为困难和威胁，让我们在变化来临时更加脆弱，因此，脱离情景来判断变化的好坏可能会束住手脚。

固有认识3：我无法应对不确定事件，因此我不擅长改变

只要你能开车、坐公交，或过马路，就证明你能应对不确定性和变化。人类生来就是为了改变和适应。我们生而为之并用一生去践行。只有保持专注、利用资源并不断实践，才能学会在任何可能的情况中应用这种技能。变化向来与"寻常"无关，每个人都可以更好地驾驭变化。

以上的固有认识，指出了我们在解读变化、判断变化的好坏时，分析事件背景起到的关键作用。我被解雇的故事就是一个例子。

我被解雇的故事

乍一看，被解雇似乎是任何人都会感到恐惧的"问题时刻"，丢掉工作会让我们失去保障，对自己产生质疑，不知未来将何去何从。20世纪90年代中期，我就职于一家正处于上升期的小型软件初创公司，那时我就体验到了被解雇的感觉。当时，我正试着从监管严格、高度结构化的电力公用事业行业转型至迅速崛起的科技行业。我的工作是协助首席执行官和首席运营官的工作，这个岗位需要具备沟通、媒体公关和危机管理能力。那时，我完全具备胜任这份工作的能力——至少看起来是这样。

入职几天后，我对这份工作有了进一步了解，发现我的能力其实不足以快速掌握这个岗位的工作。公司分配给我的工作与我们在面试时沟通的内容相去甚远，我没有那些技能和经验。我尽力适应着，但我的能力远远达不到领导的期望，也无法在规定的时间内熟悉那个岗位。几个礼拜后，我就收到了被解雇的消息。

当时，虽然我所掌握的技能正是就业市场所需要的，而且初创企业尤其需要掌握这些技能的人才，但我所在的行业不太青睐工作不到两个月就离职的人，再加上那时我丈夫的生意刚刚起步，仍处在筹备期，我压力倍增。这意味着我的收入和待遇必须要能维持一家五口的生计。这就是我当时遇到的"问题时刻"，如你所想，那时我总是情绪爆发。

保持冷静

这个社会一向鼓励我们追随热情，热情是我们取得职业发展和自身成长的有效助推器，我承认，保持冷静在这里似乎不合时宜。我得澄清一下，我并不反对在热情中寻找灵感和动力。《牛津英语词典》将"热情"定义为一种强烈到几乎无法控制的情绪。事实上，无论是积极还是消极的激烈情绪反应，都可以让我们集中注意力并维持动力，为我们带来灵感。也就是说，带着激动的情绪面对"问题时刻"也许会让情况更加棘手，尤其是当前方充满不确定时。因此，热情可以在前路明朗时推着我们前进，而当我们面临不确定的过渡期时，热情也可能带来情绪噪音，使我们的判断力受到影响或迷失方向。

在遇到"问题时刻"时，把激烈的情绪搁置一旁能够让我采取行动，找到一份新的工作，尽管我依然要承受这样做的后果。幸运的是，我很快就找到了一份新工作。那是一家在线学习公司，我的工位在一个仓库改造的开放式办公室里。收到新公司的录用消息，我如释重负。我计划好这天下班离开前，就提前两周通知领导离职事宜。与此同时，首席运营官来到办公室找我面谈，给我两周时间处理好手头的工作，最后提出让我离开公司。

如果这段对话发生在一个月前，我绝对会陷入混乱。我的收入只能勉强维持一家人的生活，我甚至可以想象，自己会在煎熬中倒数度过那两个星期。我还确信，在职场上走错的这一步会让我质疑自己从更稳定的行业跨越到新兴行业的决定；我可能还会怀疑新兴科技行业是否适合自己。毫无疑问，我感觉自己受到了威胁。如果给家里打个电话，可能也会让我的丈夫马丁产生同样的反应。但是，那天早些时候，我已经把签好的劳动合同传真给了新的老板，因此领导提出让我主动离职便不会再对我造成任何威胁。同样的场景，视角不同，反应不同。

这个例子引出了一些有趣的问题：我们该如何准备好应对"问题时刻"？如何提升自己，更好地应对让人产生威胁感的不确定过渡期？对我来说，预感到自己最终会离开（后来证明的确如此），让我在情绪爆发前找到了新的前进道路。因此，我得以在现在与未来之间的空间重新定位自己，这样既满足了我的需求，又为公司找到更适合那个岗位的员工腾出了空间。这件事展现了一个对双方都有效的实践方法，我称之为"积极复原力"（active resilience）。

培养积极的复原力

大多数人听到"复原力"这个词时，会想到情绪复原力，以及如何从逆境中"自我修复"。最近，这一概念已经扩展到创伤后成长和反脆弱（塔勒布，2014）等概念，这表明在我们遭受挫折后，除了"自我修复"外还能做得更多；我们可以因此成为更优秀的人。我对陷入困境的探索让我思考：我们应该如何像专业急救人员一样，在遭遇逆境前就做好准备，而不是寄希望于逆境后的自我修复。当时，我的兴趣主要围绕：我们应该为帮助人们实现转型、提高生活水平提供什么样的服务，以及人们需要什么样的资源，才能避免在面对不确定和变化时陷入困境。那时，我第一次接触到迈克尔·恩加尔（Michael Ungar）博士的研究成果和他关于复原力的观点。

迈克尔·恩加尔博士是复原力研究中心的首席研究员、加拿大哈利法克斯达尔豪斯大学的教师，也是该校社会工作学院的教授。恩加尔博士深耕社会心理复原领域数十载，研究和实践范围跨越多个大洲和不同背景，研究对象包括儿童、成人、组织和社区。

恩加尔博士将逆境中的复原力定义为："人们为维持生机而收集心理、社会、文化和物质资源，以及个人或群体通过沟通，通过有文化意义的方式获得这些资源的能力"（恩加尔，2019）。我很喜欢恩加尔博士对复原力的观点，这一观点强调资源收集、社区建设和融合这些元素所需的文化背景，还指出了"积极复原力"的实践价值。我们可以在面对"问题时刻"之前、期间和之后，单独地、集体地和以组织为单位地构建积极复原力。

恩加尔博士对"复原力"的定义不太关注"复原力"这一关键词，也没有将其限制为等待自我修复的被动反应，而是更加关注寻找资源（或寻求帮助找到资源）的行为。这样一来，即便我们不知道当下该做什么，也可以重点关注寻找资源。这种寻找资源指的是操控我们所处的环境，在我们毫无头绪时缓和威胁应激反应，逐渐克制好奇，重新整理自己手中已有的资源，同时想办法取得所需的其他资源。这将有助于我们在面对不确定性时，专注于思考可能出现的情况，而不是沉溺于激动情绪和对于自己可能会搞砸的恐惧中；也能为那些正在经历"问题时刻"的人指明方向，帮助他们认识并收集所需资源，而不是提供笼统而俗套的建议。

但是从哪里开始？**在遇到混乱情况前，明确自己在哪些**

Identifying where we are more or less vulnerable to perceive change as a threat can be a very helpful starting point for understanding what kinds of resources to gather before we encounter a disruption.

33

方面更容易将变化视为威胁，将会对寻找所需资源很有帮助。不妨就从这里开始。 这有助于我们在面对"问题时刻"前，就尽可能做好准备。

我在工作中遇到的大多数人都已经开始有所行动，他们通过职业和个人发展实践与情绪、物质、生理和社会资源建立了联系。这些实践活动包括心理治疗、运动、冥想、正念练习、玩游戏、与朋友社交、与家人互动及联系社区资源。如果你与他们一样，那么你也开启了这一进程。无论你的工具箱是否装备齐全，这就是你开始培养积极复原力的所有工具。接下来，我将与你分享一些新的工具和方法供你使用，助你在情绪激动时找到所需资源。这并不是提倡使用新的方法应对变化，而是希望你坚持奏效的方法，同时对其进行必要补充，这样有助于你在面对当下和未来的"问题时刻"更好地掌握积极复原力。我也希望你积累一些有关生理、心理、社会、文化方面的资源，以便在迷失困顿之际灵活调动不同领域的相关资源应对这些时刻。

复原力转盘

了解自身复原力强弱的分布，有助于我们更好地应对下一次"问题时刻",防止变化对我们的情绪造成干扰。图2.1的复原力转盘用一种快速且有趣的方式,帮助我们审视自己在一些常见领域中的复原力。复原力转盘的使用方法很简单。首先,拿两支不同颜色的笔,因为你需要在同一个转盘上完成两次自我评估。你可以在书上做这个练习,也可以访问我的网站www.stopaskexplore.com免费评估。

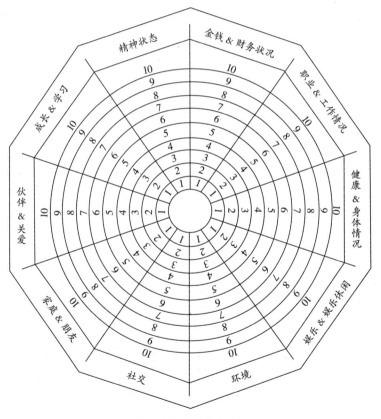

图2.1 复原力转盘(一)

复原力转盘包含十个不同的模块，如果你在这些领域中遭遇了困境，请用一种颜色的笔在每列下的表格中为自己评分。"1"代表复原力最弱，"10"代表复原力最强。举个例子。我热爱我的工作，也很珍惜在纽约圣约翰大学的教学经历，如果我突然不能在大学任教了，那么我会非常难过。但是，在财务方面，我有很高的风险承受能力。我曾经历过入不敷出的日子，也体验过富裕的生活。虽然现在我身兼数职，但我也曾靠当服务员和打扫别人的房子来养活自己。为了保证稳定的收入，我愿意做这些工作，所以我有信心，如果我遭受了沉重的财务打击，以至于需要调整工作来维持生活，我也会找到自己需要的资源。鉴于此，我可能会在金钱与财务或职业与工作那里给自己打9或10分，以此表示我在该领域的复原力较强。

然而，当涉及家人和朋友时，情况就大不相同了。亲密的人际交往不是我的强项，因此当我在社交时出现问题，我会感到灰心丧气。这表明我在家人和朋友这一模块中更容易产生情绪，所以我可能会在这里给自己打4或5分。请逐一评估自己在转盘上每个模块的复原力等级，你可以单独进行，也可以与团队或专业人士一起。这样一来，一旦你遭遇"问题时刻"，就可以通过这个转盘确定自己独特的潜在优势和劣势。评估完成后的转盘如图2.2所示。

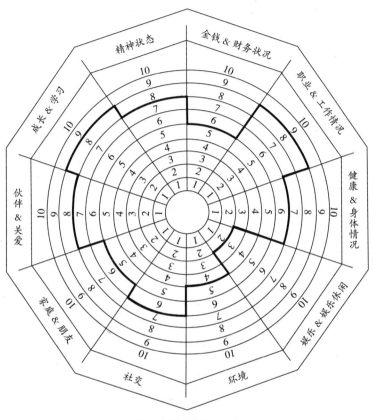

图2.2 复原力转盘（二）

　　第一次评估完成后，你的思绪可能已经受到干扰，这时，请你用另一支笔在同一个转盘上再做一次评估。这一次，不要把注意力放在某一个巨大打击上，而是想想你是如何应对日常干扰（不是灾难性的干扰），比如处理职场同事关系，参加临时会议和其他让人心烦的小事。当利害关系改变时，我们受到的威胁程度就会发生变化，所以最终结果可能如图2.3所示。

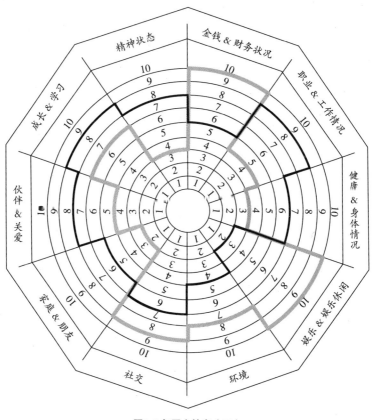

图2.3 复原力转盘（三）

一旦你完成了两次自我评估，就会对自身资源分布有更加深刻的了解，借助资源最丰富的模块更好地应对"问题时刻"。当你在其他模块面临压力时，也能知晓自己在哪些领域缺少相关资源，便于做更好更充分的准备。你可以使用这个转盘来评

38

估整体复原力，也可以灵活地划定不同情景和等级来进一步评估。比如按照生活领域分类（包括在工作中、在家里、在团队中等）进行自我评估。这样做可以帮助你根据风险等级选择应对方法。

巨大的财务危机可能不会让我惊慌失措。但如果我在上班的路上发现自己没带手机和钱包，没办法买咖啡和午餐时，这种小烦恼会让我气急败坏。如果你不确定或好奇自己在别人心中的印象，可以问你的伴侣、治疗师或信任的朋友，让他们说说你在面临"问题时刻"通常会做出什么反应，由此了解自己在哪些模块的复原力较低。在工作中，你可以和小组或团队一起完成评估，看看团队在不同模块的复原力等级，便于填补欠缺的资源。

有一点需要注意，这不是一场竞赛，评估的目的也不是要让所有人在所有模块都得满分。尽管我们经常谈论复原力，但复原力并不是一道单选题，没有人会在所有事情上都具备复原力，也没有人在所有事情上都不具备复原力。评估复原力是我们了解自身的能量分布的过程。

总而言之，我们可以通过复原力转盘发现自己的短板，提醒自己在哪些领域可能容易将变化视为威胁，同时专注于那些复原力较弱的模块，收集资源来提升自我。每当变化来临，你便可以进入好奇循环，避免陷入恐惧循环。一旦了解了自己的弱点，你会更快地意识到在压力下可能需要哪些额外资源，这不是你的弱点，也并非一种失败，而是你驾驭未知领域的必备工具。除此之外，复原力转盘甚至还能帮助你调用曾经从书本、资源、课程和专业人士的指导中获取的信息。

在"问题时刻"学会克制好奇、培养复原力非常依赖环境和资源。我们身处不同境遇，但培养积极复原力无关背景与经验，只需要内心坚定，同时认识到，无论是在自己的道路上独自奋斗，还是与社区或外部机构一起，为职业和个人发展收集资源都需要长期努力。

应急救援人员能够自信、谨慎地应对不确定事件，我们也可以向他们学习，通过实践探索帮助我们储备资源与技能，在迷茫中前进。应急救援人员的例子说明：每个人都会感觉到威胁，正如恩加尔博士所建议的那样："学着寻找所需的文化、背景资源很重要。"

有人把这种这种方法当作正念练习，也有人觉得这方法难以实践；有人对此很有信心，也有人认为它过于抽象。有人偏爱艺术，喜欢唱歌跳舞，也有人借助运动、社区活动、治疗或担任教练获得积极复原力。我不知道你从何处获得积极复原力，我只是建议你思考这样做对你有何帮助，以及如果你找到了提高积极复原力的办法，你的上司和团队是否会为你留出空间，让你克制好奇，保持积极的复原力来应对下一个"问题时刻"，而不会对它感到害怕。显然，如果只追求速度、只关注转折点，那么，想要获得积极复原力可没那么容易。

本章启示

◆学会在"问题时刻"，尤其是当变化看起来像是威胁的时刻停下来，说起来容易做起来难。

◆平息激动的情绪，镇定下来，激发自己的求知欲，可以改变我们与变化的关系。

◆培养积极的复原力可以帮助我们获得所需资源，冷静地面对不确定的过渡期。

第三章　别急着转向

"我如何知道自己是否应该换个方向呢？"这个问题来自一位优秀的作家，她已经有两部出版作品，第三本书正在创作中。听到这个问题，我不知如何回答，只能冲她笑笑。当时，我正在参加每周一次的公共交流，主题是在迷茫中探索的哲学与实践。"我对很多交叉学科都感兴趣，却没有精力兼顾多个领域，这就是问题所在，"她接着说道，"我也不确定自己是否应该将它们整合起来，还是舍弃一些选题……"像大多数人一样，这位作家发现自己的前方是一个从未踏足的领域，她的声音越来越不坚定，有些想法连她自己都还没有头绪。

我从之前的交谈中得知，阻碍她前进的不仅仅是缺乏多任务处理能力。我们的生活纷繁复杂，涉及不同领域，这都会增加职业和个人发展的压力，仓促做出决定不是应对压力的长久之计。"转向是一个实质性的决定,"我告诉她,"现在似乎时机未到。"

21世纪初至21时机中叶,几本创业类书籍出版面世,让"转向隐喻"在硅谷创业圈流行起来。其中最受欢迎的是埃里克·里斯(Eric Ries)的《精益创业》(*The Lean Startup*),这本书讲述了一种快速将新的产品和服务投入市场的系统性创新方法(里斯,2011)。里斯认为,通过客户对新产品的一手体验获得反馈,可以了解产品的优势与不足。事实证明,里斯的"构建、评估、学习"框架简单有效,开发团队可以通过客户反馈来决定接下来该改变产品策略和战略方向(转向),还是该保持目前的路线(坚持)。这种方法可以快速取得进展,也能减少风险,因此备受初创企业创始人和风险投资人的青睐。所以许多人在其他情况下也想沿用这种方法,这不足为奇。现在,无论是考虑换专业的学生,还是考虑换工作的员工,或者其他关于未来的工作、教育和学习的谈话者,都会不约而同地谈及转向隐喻。

即便如此,我仍认为转向存在问题。

我得说明一下,转向的确可以起到作用。当我们正处于转折点,面临明确的选择时,借助转向隐喻预判接下来的发展方向不仅有助于防止我们在途中犹豫迷失,还有助于激励我们行动起来。但是,在"问题时刻",**我们在花时间收集资**

源、分析现状之前，往往只会想到转向和维持现状这两个选项，正是它们使我们做出了仓促的决定。

The binary choice to either pivot or persevere can force a decision before we have time to gather resources and orient ourselves in what is effectively new terrain.

我曾与欧文·穆尔（Owen Muir）博士讨论自己对转向隐喻的疑虑，他给出了很好的解释："如果你所在的公司是一家由风险投资支持的创业公司，那么借助转向隐喻去找到更好的产品与市场的契合点就有意义。但是用它来找到更好的自我世界契合点就没那么容易了。"那次谈话之后，我思考了很久，到底什么是自我世界契合点？将转向隐喻在工作和个人生活上的作用机制有何不同？如何借前者的作用机制指引我们在变化与不确定事件来临时探索新的道路？我需要知道这些问题的答案。

究竟什么是转向

转向的基本定义是指转换方向或围绕一个点旋转。我们在不确定的过渡期预感或真实面临的压力会让我们像篮球运动员一样，只能站在原地环顾四周，希望找到传球或投篮的最佳线路。这就是为什么那位作者，或者其他在工作或家庭中处在过渡期的人会提出"你怎么知道什么时候该转变呢？"这种问题。我提醒他们，虽然目前的商业发展和生活节奏都不断加快，但我们在大多数的"问题时刻"并不需要转向。只需要暂时放下手中的任务，行动起来创造只属于自己隐喻，帮助我们在现在与将来的时空中思考自己在哪里，要去往哪里。

关于隐喻

听起来，隐喻似乎总与故事有关。我们把目标比作"需要征服的高山"，将面前的挑战比作"需要横跨的江河"，把竞争对手当作"需要战胜的敌人"。隐喻让演讲或书面交流变得生动有趣。我们把浮于表面的部分比作复杂问题的"冰山一角"；认为美好的未来"即将越过地平线"。同理，转变方向就成为了"转向"。不过，除了讲故事，隐喻还具备更深远的意义，使用隐喻的方式塑造了我们对世界的感知，影响着我们的生活（莱考夫，2006）。

以大脑的思考方式为例。

有人说："某种特定的思维、存在或行为方式不是'让我与世界连通的方式'。"我们完全可以理解他的意思。但是思考是否"连通"又代表什么?"连通"是一种隐喻,它将人类比作电脑或其他电子设备,这样一来,我们就可以与事物"连通",或以某种特定方式行事。我们也可能会"再次连通",改变自己的思考或行为方式。那么这种框架会如何对我们的学习方式、积极性、认同感和能力产生影响?如果我无法与事物"连通",为什么还要让自己继续为之努力?为什么我要寻求他人帮助我完成这个目标?这对于我的成长有何意义?我该如何与他人交流合作?如何在不确定性中探索前进的方向?

我们的世界日益"无线化",想象一下,100年后,吊灯和电缆这种靠线来连接物体的东西也许早就过时了,那时的人类会如何看待这种"有线连通"?人的大脑随年龄增长而开发变化,我们将这一动态过程称为大脑的"可塑性",这个生动的比喻更能激发读者去了解和学习。也许未来还有更加具象的词汇来描绘大脑运作的抽象过程,但这我们就不得而知了。人类借用隐喻使周遭的环境变得生动有趣,然而,这些曾帮助过我们的隐喻也有可能成为我们的阻碍。

◎请思考下面这个问题

你认为过渡期和变化的隐喻是什么?

目前,学界围绕隐喻已发展出众多研究分支,致力于探究隐喻对人类思想行为的塑造和影响。作家莱考夫（Lakoff）和约翰逊（Johnson）历经数十年探索人类与隐喻的关系，取得了开创性的成果：我们使用概念隐喻思考和交流。这一结果表明，在思考和交流中使用概念隐喻会决定我们理解这个世界的方式，这是一个无意识的过程，任何人都无法避免（1980）。哈佛商学院教授兼隐喻提取专家杰拉尔德·扎尔特曼（Gerald Zaltman）也进行过类似的观察研究，他发明了隐喻提取技术"ZMET"并取得了专利，目前已有数万名观察对象。扎尔特曼和他的团队同事表示，深层隐喻存在于不同的文化中，并且"包含了人类学家、心理学家和社会学家所说的人类的普遍性，或者接近普遍性的东西，即几乎所有社会共有的特征和行为方式"。

扎尔特曼和他的同事描述了7个深层隐喻：平衡、蜕变、旅程、庇护所、连接、资源和控制。当我们面临不确定的过渡期时，这些通用的隐喻类型都有助于理解我们的想法和行为，其中，旅程和庇护所的隐喻帮助最大，能让我们在思考变化和转向、走向未知的道路前留出询问和探索的空间，思考它的优势。

为积极等待创造空间

留出时间和空间理解不断变化的环境——这件事既非奢

佗，也非浪费时间，而是选择最佳前进方案前的必要准备。即使时间紧迫，改变球场上投球手的心态，留出专门的时间和空间来适应新环境，也可以帮助我们缓和"问题时刻"带来的迫切和威胁。这并不是让你无所事事或者沉迷分析，而是暂时停下脚步，创造一个"积极等待"的空间。**在"积极等待"的空间里，你可以有意识地调动资源，重新适应新环境，在面对不确定的过渡期间进行询问和探索。**

Active waiting is the intentional process of creating time and space to gather resources, reorient to new surroundings and engage in inquiry and exploration when faced with uncertain transitions.

以登山隐喻为例。

无论是攀登珠穆朗玛峰或其他世界高峰，攀登者都不会一路直达顶峰。他们会将攀登分为几个阶段，先是徒步跋涉，再到珠峰大本营休整。在徒步跋涉阶段，攀登者需要具备登山所需的技巧、能力、方法，同时准备好资源。登顶的旅程可能充满阻碍，但攀登者的方向和目标都非常明确。跋涉到珠峰大本营就是一个很好的隐喻，通过思考跋涉的过程，我们得以了解如何为实现自己的目标采取行动。我们得知道自己在哪儿，要去哪儿，需要准备什么物资才能出发。跋涉途中，我们可能会遇到困难，但我们会一直牢记自己的目标，一路勇往直前到达顶峰，除非途中出现了"问题时刻"。

抵达大本营后，登山旅程就会暂时中止。攀登者的活动和目标都发生了变化，他们不再奋力前行，而是停下来反思上个过程中遇到的问题，为登顶做好准备。在整个攀登过程中，大本营对于攀登者们来说不仅是休息站，更是庇护所。平均每个队伍都会在大本营停留一到两个月，这与里斯的快速转向形成了鲜明对比。在珠峰大本营的日子里，攀登者需要明确自身和团队需要补充的资源，调整路线，重新适应环境，确保所有成员的生理和心理状态良好，可以冲刺峰顶。在这段积极等待的时间里，他们需要的技能和资源都与上一阶段不同。攀登者这时不需要奋力攀爬，但他们在大本营中的活动与冲刺登顶同样重要。过早离开大本营或缺乏所需资源就急于出发，都可能在登顶途中造成致命后果。因此，攀登者在重新出发之前，在珠峰大本营这个"庇护所"休养一段时间、反思调整，更有可能安全登顶。

成功的攀登者清楚徒步攀登的重要性，也重视在珠峰大本营进行休整和补给。因此，他们很擅长在两者之间切换状态（或者听从前辈的建议）。登山的隐喻不仅展现了一个项目从执行到探索的过程，而且也充分说明了为什么隐喻可以成为面对"问题时刻"的强大工具。执行与探索都是旅程中的关键部分，但我们却常常忽视了探索的过程，导致在计划出现干扰时没有花时间复盘、重新规划和尝试新的可能性，最后在"问题时刻"来临时承受压力（或转向）。从跋涉到休整，这种有意识地转换让我们的团队在两个阶段中都能保持最佳状态。

图3.1 珠峰大本营

考虑目前项目的时间边界有助于构建积极等待的空间。时间边界用于决定或预估任务完成的时间，可以是精确的截止时间，也可以是回顾自己任务轨迹的一个日期。无论如何，看待时间边界的方式会影响我们工作和生活中的期待与节奏。举个例子，一个人决心要在30岁之前事业有成，那么他在二十几岁就会为这个目标努力奋斗，这就是他的时间边界。人们会对自己的未来做出规划，比如，在什么年龄结婚生子？在事业成功之前还是之后？我们设定对自己未来的期望，就是在规划时间边界。有的时间边界是固定的，哪怕45岁的你再成功，也无法跻身"福布斯年度30岁以下精英"榜单；还有一些则是灵活多变的。在过渡时期为积极等待创造时间，让我们有机会探索停下的时间边界。

隐喻与"问题时刻"

"登山"隐喻有助于我们理解为积极等待留出时间和空间，但没有哪个隐喻或框架可以用来描绘我们在前路不明时寻找方向的过程。山峰代表搜集信息、寻找方向，向着向往的目标前行。但是，如果一个人兴趣广泛，无法选择一个目标并为之努力，这时，"探索星系"或"开垦花园"这类隐喻也许比"山峰"更能引起他们的共鸣。

这样也很好。

重视隐喻不代表让隐喻成为某一种思维模式。相反，理解那些指导我们思考的隐喻，就是让我们认识到，人类总是通过隐喻来认识世界，从而在实践中判断它们是否起到积极作用。不妨看看以下几个例子。

我对人们陷入停滞和迷茫转型期的研究，让我遇到了自己的"问题时刻"。21世纪初，我结束了自己长达17年的通信生涯，投身学术界，从专业通讯行业人士变成了一名大学教授，我的目标明确清晰。我在这过程中走了不少弯路，但这也是一段教科书式的转型案例。我的研究扩展到领导、团队和组织后，进展才变得顺利一些。身边的人都知道，我主要是一名教育工作者，但我投入这个领域意味着其他人开始把我当作心理教练、咨询师或调解员。从表面上看，这些角色都与我的工作内容不符，尤其是用隐喻来描述工作之外的事情。我追求职业和个人发展的做法，不符合教练的工作方式，倒是与咨询师比较接近。咨询业是一个专业且充满活力的行业，如果我愿意的话，我可以算作从事这个行业，但这又无法体现我与客户和同行研究员的交互方式，我的工作已经不再局限于商业用途，这些研究还会应用于学校、个人和团队等。我决定思考自己对于工作的隐喻，最后得出了结论：教练和咨询师对我来说都没有意义，调解员更接近我的工作，但仍然不够深入和广泛。我继续思考其他的隐喻，描述我对待工作的方式，甚至还借鉴了其他领域人士对自己工作的形容。我找到了一个恰当的隐喻：助产师。

这个结果让我有点意外。助产师拥有专业的知识和技能，但从不发号施令。她们平等地对待每一个孕妇，根据实际情况和孕妇及其家庭的愿望提供帮助。助产师知道每一次生产都是不同的，它们的资源不同、社会视角不同，孕妇的意愿也各不相同，她们可以选择自己的生产方式、地点和陪产人。助产师需要接受不同的仪式、传统和文化。最重要的是，她们只是帮助新生儿来到这个世界，但养育婴儿与她们无关。

我将自己视作一名助产师，这样一来，我的工作就增添了一份使命感，这对我来说很有意义，还让我舍弃了一些帮助不大的设想。和我共事的人依旧把我当成教练、咨询师、调解员或教育家，我不以为意。助产师的隐喻让我理解了自己在这个世界中的位置，尽管我的工作室还顶着公司的大名，但我已不再是通讯和市场的一颗螺丝钉。这让我发现，隐喻有助于在迷茫之际找到自己的方向，而它也成为我帮助别人在不确定时期找到自己存在意义的得力工具。

我曾与一名建筑承包商共事，他在40多岁时决定去上大学，期待探索新的职业道路。他勤奋刻苦，认真完成老师布置的功课，但还是陷入自我怀疑无法自拔，他怀疑自己是否有能力完成学业，做出一番成绩。我请他再说说自己目前的处境，但他却只能一直在怀疑自己能否在毕业后顺利转行，除此之外，他再没说出其他内容。我向他简要介绍了概念隐喻，以及隐喻如何塑造我们的世界观，随后又请他把自己想象成电影中的一个角色，再分享自己的经历。他毫不犹豫地开口："海上有很多货船，非常大，浮在海上还有四五层楼那么高，你知道这种大货船吗？"他问我，然后继续说道，"我从那上面掉进了海里，没办法回到船上。我看不到毕业和转行的希望，或者我根本不可能做到。"我没有立即回应，我们静静地坐了一会

53

儿，他在思考这个隐喻。最后，他开始大笑，感叹道："而且我不会游泳啊！"我也跟着笑了，难怪他感到压力巨大。

还不到一个小时，我们就想出了好几种新的隐喻描述可能的情景。虽然他仍然对未来感到忧虑害怕，但重新构建过去与未来之间的未知情景已经成为一种解脱。接下来的几个月，他继续用这些隐喻衡量自己的想法和行动。他后来告诉我，每当自己困于学校的压力或陷入过渡期时，他就会想到自己在海上挣扎的样子，然后开始大笑。

隐喻的魅力在于，它可以成为团队和客户理解当下环境的工具。在一次线上交流活动，我接触到一群从没了解过隐喻的参会者。我让他们举一个隐喻的例子，一位女士主动发言。她在工作上遇到了一些问题，流程推进困难，与新客户沟通也不顺利。她与我们分享了这些困扰，还把自己的团队比作厨房里的厨师："我们的厨师太多了。"其他参会者都是使用隐喻的新手，但他们并没有请我帮她想一个新隐喻，而是为她提出了绝妙的思路，帮助她筹备当天下午的会议。在这场交流会中，彼此陌生的人们集思广益，认为她可以转换思路，把团队里的"厨师们"当作"品种多样的食材"，只要将他们正确排列、合理搭配，再加上适合的工序，就能烹饪出美味的佳肴。她在下午的会议上分享了这两个隐喻。起初，她还担心客户会提出异议，但后来她告诉我，那天的会议不仅解决了他们一直头疼的问题，还为未来的合作打下了基础。

　　丽贝卡·泰勒是一位世界知名的战略家，也是众多博物馆、画廊、艺术博览会和奢侈品牌的顾问，在她遭遇混乱之际，她发现了探索隐喻的价值。泰勒意外获得了新的工作机会，新的工作与之前的工作领域相近，这进一步增加了她的影响力和知名度，将她置于聚光灯下，万众瞩目。新的工作能够为她带来了客户，但她并不喜欢。她在线上交流会中与我们分享了这个故事，另一位参会者提出了一个不同的隐喻：你该站在阳光下，而不是聚光灯下。她把这段话记了下来，表示："这个隐喻非常打动我，阳光让我感到温暖愉悦，聚光灯让我痛苦煎熬，我爱阳光，厌恶聚光灯。"

　　如你所见，人们对"问题时刻"的隐喻多种多样，可能是一条需要跨越的江河，可能是等待修理的花园，甚至可能是新生事物漫长的孕育期。我们可以用无数种隐喻来形容不确定的过渡期，以及过渡期给我们带来的挑战和机遇。这意味着：**我们可以在日常生活中创造个人隐喻，把隐喻作为我们"闯荡"世界的工具。**

We can choose to create personal metaphors to guide sensemaking in our day-to-day lives and can play with metaphor as a tool to make sense of how we navigate in the world.

　　我们需要观察自己如何在思考和行动中运用隐喻，及时调整以适应新的变化。这里有一些建议供你参考。请注意，找到最佳隐喻不是这个练习的目的，深入了解隐喻的作用机制，发现隐喻在哪些方面有助于我们面对"问题时刻"才是目的所在。

◎练习：玩转隐喻

请花一天时间观察自己和周围的人使用隐喻的方式，特别是在遇到变化、过渡和不确定事件的情境下。你可以以家人同事为对象，也可以通过网络展开观察，尽可能多地收集案例，观察隐喻如何推动或阻碍人们之间的沟通和理解。之后请思考下列问题：

哪些隐喻能引起你的共鸣？

哪些隐喻让你难以理解？

其中对你最有帮助的变化隐喻是什么？

其中对你最没有帮助的变化隐喻是什么？

你将如何用隐喻来指导对未来的思考？

寻找适用于自己的隐喻对于明确自己的现状，摆脱迷茫和失落很有帮助。在团队中工作，通过对比隐喻的使用，可以帮助我们发现成员之间潜在的共同点与不同点，在沟通出现困难与误解时促进相互理解。在这两种情况下，我会让参与者们通过绘画、拼装积木等活动帮助他们有意或无意反思隐喻，理解

变化和意见的交汇点。

在你继续探索自己变化隐喻的过程中，你会发现，即使是曾经最有效的隐喻在某些情况下也会失效。但是没关系。无论它是否有效，我们都能从中汲取经验。如果你非要证明自己的隐喻最适用，那么它一定对于整个团队而言用处不大。我们的目标不是去适应最佳隐喻，而是要将各种各样的隐喻视为工具，帮助我们确定自己的方向。

因此，如果"攀登企业阶梯"或寻找"真北"的隐喻对你有帮助，请继续让它成为推动你前行的工具。如果这些隐喻让你感到困顿，那就考虑其他的隐喻吧。总而言之，我无意提供一个新的、更好的隐喻描述我们在2020年以后的新工作领域，也无法帮助你们协调职业与个人发展之间的冲突。我只想请你将隐喻作为一种工具，这样一来，在"问题时刻"来临时就能更好地做出反应。

本章启示

◆像"转向"这样的商业概念对指导科技公司的战略发展大有裨益，但用来面对"问题时刻"效果甚微。

◆为"积极等待"留出时间和空间，在面对不确定的过渡期时，暂时停下脚步，创造庇护环境为下一步而探究探索。

◆重新考虑指导我们思想和行动的隐喻，可以帮助我们重塑思维，缓和危机感。

第四章　迷失在转型期

"我不想只选一条职业发展道路。"

艾丽卡不是第一个对我说这句话的人，但她一定是其中最优秀卓越的一个。艾丽卡是兰斯顿联盟（Langston League）的创始人和首席执行官，是一位已有作品出版的小说家，也是一位教育家和前学校管理者，她的地理课曾在电视、网络及报纸上引发热捧。这并不完全令人惊讶，因为艾丽卡十几岁就是说唱歌手和电视台明星诗人了。现在的她正进军教育、娱乐、电视写作，接下来还会参与到其他高知名度的项目中。

噢，对了，艾丽卡不过才33岁。

我第一次联系艾丽卡时，她正忙于让自己的各种专业知识变得有意义。她的导师、家人和领导专家不止一次对她说："你无法兼顾这一切，你只能专注于其中一条路。"她在这些建议中苦苦挣扎。当时，零工经济已经影响到传统行业，越来越多的员工向20世纪的传统职业观念发出挑战，开始同时从事多项工作。但是很遗憾，我们的社会体系并不认可这种经济。

　　艾丽卡很清楚，她的亲人好友都在为她考虑。过去十几年，她一直在过度消耗精力，她确实需要调整自己的工作节奏。艾丽卡深知，加倍努力不是她维持现状、实现梦想的唯一方式。虽然一路佳绩熠熠，但她已疲惫不堪。工作任务总是接踵而来，她根本无法兼顾自己的身心健康。现在，艾丽卡觉得自己正处于交叉口上，一边是舍弃一些上升期的工作，另一边是继续埋头苦干，透支自己的精力——两条路都不尽如人意。在我们的谈话中，艾丽卡说自己的工作打破了常规，在兼顾职业发展和人生规划时，她总会觉得既励志又迷茫。艾丽卡并不是个例。

　　我曾在许多人口中听到"迷失"这类表达，他们都因不确定事件和变化而头疼不已。这也许可以解释为什么不确定的过渡期会引发激动的情绪，让我们陷入恐惧。在森林、丛林、沙漠或任何没有出路的广袤地带迷失方向，仅仅是设想这种情景，就已经让大多数人在生理和心理上产生不适。迷路会让人恐惧、引发焦虑，这是正常现象，因为在野外失去方向可是性命攸关的大事。

　　值得注意的是，陷入恐慌唤起的恐惧与焦虑与物理空间的迷失并不相同。当学习者遇到的概念让他们质疑已有的认知、信念和价值观，从而产生相似的迷失感时，就会陷入迷失困境。因此，如果我们在转型期迷失，就会遇到两个问题，一是身处在当下与将来的交界，我们常常会对自我概念（我是谁？）和自我方向（我要出发去哪里？）产生质疑（奥尔德姆，2015）。停下来，意识到自己迷失了方向，思考迷失的后果是我们在未知领域找到方向的前提。

迷失的心理学

肯尼斯·希尔（Nova Scotia）是加拿大哈利法克斯市的圣玛丽大学的心理学荣誉退休教授。自20世纪80年代中期以来，他一直在思考人类在迷失时的行为。希尔教授对这一课题的兴趣始于一场悲剧，那是一次搜救工作，搜救目标是一名9岁的男孩。9天后，希尔教授所在的队伍终于找到了他，男孩不幸遇害。希尔教授认为，那场救援行动毫无节奏，也没有任何线索，因为他们不了解人在森林中迷失会有何反应。从那以后，希尔教授便开始研究人类在迷路时的情绪和行为变化，这是一项开创性的研究，直到现在仍然在不断深入。

根据希尔教授的研究，迷失包括两个简单但不同的元素——出现迷失感和缺乏有效的定位方法（2011）。虽然希尔教授的研究大多以森林徒步者、猎人、登山爱好者和其他有过迷路经历的人为对象，但结果显示，他们的经历与艾丽卡存在相似之处。艾丽卡面前有许多充满可能的道路，却没有能帮她确定方向、让她发挥全部才能实现理想的明确方法。尽管艾丽卡在职业和个人发展中都成绩斐然，但没有明确的方向只能让她在困境中挣扎，无法继续前进。我没有让艾丽卡做出选择，而是请她先停下来，创造一个过渡性学习空间去思考其他可能性，探索新的选择。

过渡性学习空间

不确定的过渡期并不旨在反思，而是邀请我们抛出新问题，探索我们在做出坚定选择或承诺之前可能没有考虑过的机会。过渡性学习空间就像是一个个人专属学习实验室，这是进行积极等待和克制好奇心的空间，在这里你可以根据自己的需求、背景和掌握的资源自由创造。应急救援人员会在事发现场或其他地方搭建应急指挥中心；攀登者会在珠峰登顶途中建立大本营。而对于艾丽卡这样的个人而言，可以在日记、白板、家庭办公室的角落，甚至通过应用软件来创建学习空间。

如果你需要与团队协作，可以在办公室或网络上创建共享学习空间。共享学习空间不一定环境美观，可以是固定场景，也可以临时搭建。构建这个空间只需要事件背景、时间限制和可调用的资源。成员提出的问题、新的想法和探索思维才是学习空间中最具价值的内容。在这个空间里，恐惧和威胁感将会刺激创意的灵感来源，而不会迫使我们做出反应。这样做并不是多此一举，而是在"问题时刻"来临前与中心规划路线过程中创造第三空间。在人类学中，这种既独特又难以定义的过渡性学习空间又被称为"中立区"或"边缘空间"（梵·吉内普，2019）。这是一个未知领域，我们对它仍有诸多疑问。当我们认识到自己还没准备好做出决定时，就会进入这个"庇护所"，直到我们对所处的情况了解清楚后，再走出舒适区，深入探索可能的前进路线。

有一点需要注意：创造过渡性学习空间并不是为了找到答案，而是要接受一个事实，即"问题时刻"的背后有多种答案。这就是他们无法做出选择的原因。在A和B之间做出选择很容易，但这个世界存在太多可能性，没有哪一条路直接通往成功。所以，如果你已经按我说的停了下来，但却急于进入书中寻找快速的解决方案，那你可就拿错书了。既然现在我们已经平息威胁感，努力收集资源培养积极复原力，停下来积极等待，并且开始审视自身去探索和学习了，那么，请准备在现在与将来之间的边缘空间学习吧。

在边缘空间学习

边缘学习为解决问题创造了空间，在那里，学习者们可以在面对不确定事件和变化时根据新的信息重新定位自己。教育专家玛吉·萨文·巴登（Maggie Savin-Baden）表示，这可能会导致"身份或角色认知的转变，我们会用新的视角看待事件和问题"（2008）。正是身份和自我概念的转变激发了激动情绪，让我们产生威胁反应，我们需要挖掘新的想法，考虑新的可能。这真是让人兴奋又害怕。我们需要在边缘地带学习，这没什么特别的，但如果与我是谁、我们在哪里、我们要去哪里这些问题结合起来，可就不是小事了。

无论在职场，还是个人生活中，工作或生活状态的改变可能会引发更深层次的问题：如果做出这样的改变，我还会是我吗？这样做的代价是什么？如果我失败了，我的声誉会不会受到影响？这可能会增加更换团队这种小转变的风险，让我们更能意识到事情的发展偏离了正轨。很多领导者认为，转型和变化就是接受新的想法、方法或环境，这是一种误解。工作单位的变化，以及其他工作和生活转变都可能会让我们的自我身份遭受挑战，由此改变个人和职业发展轨迹，引发深刻的存在主义问题：我们是谁？我们应该去哪里？解决这些问题之前，身份认同和自我导向仍会在我们寻找前进方向时成为阻碍，让我们感到迷茫失落，做出逃避抗拒反应。实践可以帮助我们在干扰和混乱中找到方向，这就是它为何如此重要的原因。

找到"真北"的秘诀

艾丽卡亲友的工作观还停留在20世纪：只有设定好目标，全身心投入其中，才能实现目标，所以他们建议艾丽卡选择一条路前进。在这种观念下，"问题时刻"和不确定的过渡期成为了路上的颠簸，这可能会让我们焦虑，但我们的目标依旧明确。成为医生、律师、消防员或小企业老板，然后结婚生子，融入社区生活。在这种传统模式下，我们对待工作和生活就像许多人对待越野驾驶一样：选择一个目的地，制定线路到达终点。即使你在途中走走停停，欣赏沿途风景，但目的地总是清楚明确。

大多数推动职业和个人发展的工具都基于这种传统俗套的观念：无论是追求成功、目标，还是原因，只要带上地图和指南针，就能到达目的地，找到你的"真北"。这种传统理念在西方教育、职业选择和个人发展圈根深蒂固，它甚至让我们开始相信，一个才华横溢、兴趣广泛的人要从一开始就知道该去

64

哪里，并且选择一条最快到达路线，才能取得成功。谢天谢地，幸好列奥纳多·达·芬奇没有这样做。

然而，职业和个人发展的需求和期待发生了转变，我们需要适应不断出现的变化，思考什么才是美好的生活，甚至那些一度提倡选择一条路的人们也意识到，他们需要多种实践和方法才能适应变化的环境。所以我们要改变思维定式，反思在这个充满未知挑战和无限可能的世界中，只埋头走上一条道路意味着什么。我们还需要考虑新的，甚至沿用曾经的生活、学习和思考方式。但是**很遗憾，我们从没思考过该如何通过实践为自己创造有效的学习空间**。在我们的成长环境中，老师、教学大纲或项目总会告诉我们

> *Unfortunately, we rarely think about how we learn and what practices we need to develop to create effective learning spaces for ourselves.*

如何学习。所以，我们都会像阿什利一样，无法将书本知识学以致用，最后陷入焦虑。

我的学生、客户和学员们接受了我的观点，也将"问题时刻"视为一种邀请。他们问我："我还能再看看你的网站吗？我能不能听你的课？"我非常理解，当前进的道路不明朗时，我们都渴望得到指引。但是，面对变化时，再好的产品和服务都不能驱散前方的迷雾，照亮前进的道路。当然，我们已经

对观点的分歧见怪不怪了。无论那些"成功宝典""健康宝典"如何宣传，吹嘘自己的产品能帮你更快更好地找到成功和美好生活的秘诀，我们都知道，无论是寻找前进道路还是学习，都需要基于现实情况。

很遗憾，就算这些市值数十亿的行业出现多少工具、框架和方法，都无法提供指引你进入未知领域的地图。未知领域是神秘的，还有一定风险。每个人、每个团队、每个家庭和社区每天面对的情景多种多样，尽管市场总是过度吹嘘自己的产品，但没有任何一件现成的产品或方案能够适用于所有场景。即使是最成熟的研究模型或框架理论也无法提供万能的解决方案。

因此，我建议你根据自己的原则、已有资源和探索成果，结合情景总结出自己的应对策略。你需要在关注自身的同时观察周围的环境，以此探索自己的志向是否与自己在工作、家庭、社区甚至世界的需求有所重合。我还列出了一些鲜少提及的技能，包括感知、寻路和辨析。这些技能对于探索未知领域很有帮助，在接下来的两节中会有详细介绍。

我们完成了很多步骤，已经慢慢让自己停了下来，缓和了激动的情绪，收集好了需要的资源，有意开拓了一个可以深入探究的边缘学习空间。现在，我们已经来到了临界点，身后是熟悉的过去，前方是充满希望的未来。跨越这个临界点，我们需要转变思维方式，根据自己掌握的资源摸索学习方法。这既是一个好消息，也是坏消息。好消息是：学习是一种创造性的行为，学习的方式也多种多样；而坏消息是：将新的信息引入已有的模型范式并不容易。我们要虚心承认自己还有不足，要不断学习，带着好奇和探索的心态面对未知，这是我们学着面对"问题时刻"的关键。

有一点需要注意，学习并不代表只是在表面接受新的观点和框架，而是乐于转变视角、思考在新的情况、信息和背景下该如何行动。学习是终生的事业。我们如今对事物的认知也许并不全面，如果了解更多的信息，可能会为我们看待事务提供不同的视角。这是勇敢的做法，因为意识到自己存在知识空白，进入边缘学习空间本身就会让人产生危机感。当你再一次面临选择时，你会如何理解这种情况？

在一些文化中，创造仪式、过渡仪式和传统仪式都是常见的转变标记。比如，成人礼、结礼、哀悼会和葬礼，仪式有时也会用来标记季节变换、狩猎庆典等。

但是很可惜，许多传统仪式在现代已经失传。很多人认为婚姻不过是"一纸婚书"；取得晋升就像是庆贺一次收获满满的狩猎活动，有没有庆功酒宴都不重要。生活节奏不断加快，人们也渐渐忽视了传统，认为不停前进、不停做出更多设想比创造更加重要，而参与仪式则成为了解人生规划和意外变化的刻意行为。在进入、离开过渡性学习空间时做出标记，能够帮我们找到自己的庇护，进入第三空间。千年来，人类一直在举行这样的仪式，我们也可以从过去的仪式中汲取经验，启发创造新的仪式，帮助我们迎接不确定的未来。

理解知识储备情况是进入过渡期的重要变量，也是我们在边缘空间会忽视的一点。过渡仪式和重要标志可以成为我们度过过渡性学习空间的指引。一旦我们明确边缘学习空间的界限，就更容易在未知领域找到方向。每个"问题时刻"都是一个机会，让我们得以考虑自己是否处在巨大转型的边缘，反思自己是否应该维持现状。通过仪式标记过渡期，让我们有机会问自己：我想在这个领域取得成果吗？我是否应该去更适合自己的地方？

本章内容在有关职业与个人发展的书籍中并不常见，因为这一章告诉我们：如果你还没准备好，就耐心等待；如果你不确定，就深思熟虑；如果你的梦想现在难以实现，那就把它当作日后努力的目标。像我这样的作者本该启发激励读者立即行动，但我并没有那样做。

我不会激励你埋头苦干、特立独行，而是希望你能思考是什么推动了变化，这才是真正值得关注和纪念的里程碑。有些人可能想借传统获得灵感，但我并不提倡这种方法。我希望你们能创造自己的方法，标记过渡期和变化的关键节点，即使是导致问题恶化的节点也需要标记。我们在进入未知领域前用于反思、行动和实践的时刻都为前进提供了可能。

◎请思考下述问题

你已经进入边缘学习空间，请用自己的方式思考，途中可以通过笔记、拍照、绘图、整理表格、录音录像等方式记录你的思考过程。这个过程对于推动过渡和转变很有帮助。

你是否整装待发？

你会感到好奇吗？

你要坚持什么？

你会如何标记这个地方？

你将来会如何回到这里？

你是否会通过仪式来标记这个空间？

如果你决定不继续前进会怎样？

你需要探究什么来决定是否该前进？

你是否因为害怕而选择维持现状？或者是否有其他原因驱使你？

你会想到谁的观点？

是否需要资源来确定你已踏上的旅程如你所愿？

此时我们已经从停顿反思进入到询问阶段，请做好充分准备。你可能会像阿什利一样，选择再次踏上过去的道路，在熟悉领域中探索新的可能；或者像艾丽卡一样，踏上全新的道路。有意识地探究可以让我们意识到，那些看似不可攻克的挑战可能会带来解决问题的新创意，为我们指引新的方向。在这之中，我们也许会发现，那些设想中可以速战速决的问题实际需要更大的努力。**无论新的道路通向何处，询问探究都可以让我们在出发前对新的领域有所了解，为探索新的可能创造空间。**

> Inquiry creates space to pursue at least a cursory understanding of new terrain before driving to decide so we can consider new possibilities and make sense of them.

这种方法适用于我们可以选择的变化，以及那些强加给我们的变化，而后者常常情况复杂。

无论哪种情况，从停下到询问都是一个转折点。这个转折点就像是火车在切换轨道，有的通向前方，有的偏离站台，还有的则会回到过去的道路。我们要带着目标进入这个临界空间，无论你的步伐是大是小，在这时留出空间和时间抛出问题都有助于感知自己前进的方向。

本章启示

◆迷失是一种心理状态，会让我们持续感知前方的道路。

◆在进入未知领域前，学会找到方向才能进入边缘学习空间。

◆创造仪式或过渡仪式是一种有用的方式，能够帮助让我们进入现
在与未来之间的边缘空间。

第 二 部 分　询 问

写给刚刚开始"询问"的你们。

如果你走到了这一步，你已经放缓了脚步，意识到"问题时刻"是通往未知领域的必经之路。徒步旅行的人会在进入深林前驻足准备，你也像他们一样处于转折点上。你是否有意考虑新的前进方式？是否愿意探索现在与未来之间的不确定空间？如果答案是肯定的，那么有三个核心问题值得探究，这些问题有助于我们在新的领域找到自己的定位并明确前进方向。这一部分的章节会提供一些理论和实践方法供你思考这些问题：你在哪里？你是谁？在"问题时刻"之后可能发生什么？

Joan

第五章　健全的自我意识

　　当你走进一家餐厅，是否会思考：我是该自己选择位置，还是该等服务员安排？

　　我们都有过类似经历。进入陌生的环境，我们总会手足无措，尴尬地站在原地。同样的情况也可能发生在医院或学校的大厅。其实，在大厅里的标识都在为我们进入新的环境提供指导。这些标识指导我们该去往何处，它们的摆放规律我们不得而知，但这些标识一定会是指引寻路的重要参考。在此情境下，"寻路"便代表"一种环境空间的组织方式"（帕斯尼，1996）。这些摆放标识的"无名英雄"让我们在物理空间得以找到自己的方向。

　　出色的引路人不会让我们发现他的存在。我们在迷宫一样的医院走廊穿行，转过弯就会看到墙上或天花板悬挂的标示牌，得知前方通往何处。我们徒步旅行路过一片高地，还没开始怀疑自己走了岔路，就看到了树上白色喷绘的醒目标记。无论是否用"引路人"形容这类人，我们在职业和个人发展的路程中都少不了这一角色的指导。入职流程、培训、说明手册和其他指南帮助我们确定方向，规划职业道路；顾问、管理者和教育工作者为学生提供思路；还有文化习惯、传统仪式教会我们如何与朋友、家人和社区相处融洽。

"引路人"真的有这样的作用吗？

我们在工作、生活和学习中使用的技术、程序、方法不断更新迭代，这些方法都不算完美，但会一直成为寻路的线索。我们不再依赖老板、机构或制度来告诉我们该何去何从，而是去想象自己的职业规划和生活方式并努力实现。对于那些没有得到20世纪红利的边缘群体而言，这是一个好消息。这也转变了个人与组织之间的引路人角色，挣脱了愿望与实践的束缚，对双方都意义非凡。

因此，我们不再理所当然地认为拐角处会有引路标识，而是可以在生活中的某个领域计划自己的路线，不会受到其他指引的暗示影响。领导需要关注员工工作内外的需求志向，重新思考与员工合作经营公司意味着什么。这是一个还无人探索的领域，我们都需要在工作和生活中成为自己的引路人，尤其是当我们发现自己处于清晰的职业道路和抽象的"未来工作"这一边缘空间中。

我们脱离了员工与公司之间的长期关系，走向更加自由的劳动关系，这时便不会再想当然地通过某种讯号来推动职业和个人发展。但是，在现代生活中，引路的标记被有意隐藏了，许多人认为是良好的方向感将他们带入了正确的道路，不是标记的摆放为他们提供了指引。这就会让我们更容易在不熟悉的领域迷失方向。

我们不再遵循自上而下的等级制度，更多是以个体、团队和小组为单位自主选择道路，组织机构需要在这个过程中提供支持，而不是直接指导。培养寻路技巧，鼓励他人探索前进，在这个世纪尤其重要，特别是在选择职业和个人发展方向时，理解信号和标记的来源更加重要。

我们重新审视推动全球文化发展的架构体系和规则，用新的技术和方法指导工作和生活，这种自我导向越来越依赖个人与社区。在消费者主导的文化中，这种导向会更加复杂，这种文化重视个性，个性化的需求会带来持续不断的选择和挑战，尽管这是我们乐于看到的结果，但做出选择的过程可能会让人头疼不已。教育和培训情景尤其注重鼓励学习者选择适合自己的发展道路。家庭和社区文化中已经出现了不同的伴侣关系、不同的育儿方式和生活方式。我们对成功的解读和对职业轨迹的态度都发生了转变，不再执着于实现家庭的期待或者简单的

"升职加薪"，而是能够在不同情境下灵活运用自己掌握的技能。要知道，即使在杂货店，顾客也有选择的权利，可以在线订购，也可以到收银台结账，或者自助结账。

在这个新的世代，我们可以按需决定自己的行事方式，这种自由令人激动，但也可能让人迷失方向，因为我们接受的教育不仅不会教我们如何选择，也并不认可这种方式。因此，人们会说："你只要培养了寻路技能，就能寻找到合适的道路。"这种观点忽视了传统意义上"路标"为我们提供的指引作用，也忽视了领导和组织在个人技能和培训上还有不足。生活中的指引很多都来自组织和规则制定者，这让我们常常忽视了寻路并不是人类的本性，而是我们为更好地在组织、家庭和社区中发挥作用而需要具备的能力。

遗憾的是，即便我们竭力帮助他人规划求学或发展道路，但仍然没有有用的工具。无奈之下，我们求助于搜索引擎，但得到的搜索结果有上百万条，前面几页还是推销课程的广告。几年前的一次交流活动中，我曾与一位国际传媒公司的人力资源负责人有过几次交谈，他在公司内部网站上传了丰富的学习和培训资源，他对自己所作的工作很是自豪，但现实是，根本没人去看。我又问了那家公司的员工为什么没有学习这些资料，他们的答案是：网站上的内容非常多，他们实在不知道该从何看起，也没有那么多时间去学习，所以干脆搁置了。

这不就是常识嘛！

40岁以上的读者可能会说："等等，也没人来教过我啊，这不应该是常识吗？"

韦氏词典将"常识"定义为：具有一定普遍性，很少引起人们争论或反思的知识、评价和判断。因此，如果你发现在相同的环境中，自己的做事方式与大多数人相同，在前进中也遵循了无形的指引，那么这些常见而熟悉的内容就是常识。在20世纪，西方文化普遍将好工作、"传统"的家庭和漂亮的房子作为奋斗目标，有了这些要素就能过上幸福美满的生活。晋升并不是选择多条上升渠道，而是按部就班地攀登职场"阶梯"。我们把更换岗位和行业称为"跳槽"，而不会把这种变动视为积累工作技能和经验的过程。比起冷冻卵子和人工受孕，自然受孕不需要艰难复杂的过程。在这些事件中我们不需要指引，因为我们生长的文化环境已经让我们具备了这些"常识"。但是我们目前的算法、主流思想和技术却推动我们朝着单一的方向前进。

曾经指导我们实现职业和个人发展的文化规约已经不复存在，如今在公司、职场、社会和生活中寻找前进方向需要自觉转变身份、反思以往的习惯和权力结构，思考工作对我们来说意味着什么，什么才是好的生活，这些都需要"终生学习"。"终生学习"是我们常常谈论到的抽象概念，但是，我过去10年的职业生涯中接触的人都觉得自己并不具备这种能力。这是因为，思考我们是谁，希望得到什么，以及探索如何实现目标不仅要认识到自身优势和动力，或者培养一系列技能，还需要投身实践，探索自己的时间规划和框架方法，这些都有助于我们认识自己，找到在不断变化的情况中适应不同情景的方法。我想到了欧文·穆尔博士的话：要找到自我与世界的契合点。

在过渡期认识自己的身份和目标是找到正确道路的关键。 无论其他案例和教程中提到的方法多么有效，我们都必须认识到，在现实世界找到帮助我们渡过边缘学习空间的指引并没有那么容易。

Understanding who we are (identity) and where we hope to go (self-direction) are key orientation points when we engage in wayfinding in the context of navigating uncertain transitions.

我们可以通过某种仪式或使用隐喻等方法为自己构建路标，标记我们何时进入了边缘学习空间，找到自我认知与周围环境的契合之处。当我们无法找到契合点时，就无法进入学习空间；而当我们找到了契合点时，便会更乐于踏上冒险之旅，更乐于学习、探索、实践，这样一来，我们就不会将变化视为威胁。

但是，"问题时刻"总会成为找到契合点的阻碍。安德莉亚·布塞尔的故事就是一个例子。安德莉亚曾是纽约一家知名的文化机构的传媒专家，她现在已经离开了那家公司。从入职新公司的那天开始，她就知道这份工作不适合自己。安德莉亚告诉我："公司给我开出的条件非常诱人，我一度认为这就是我理想的新篇章。但很快我就发现，新公司混乱的企业文化让我感到不适，我无法实现自己的个人价值，我的专业技能根本无从施展。"安德莉亚很了解自己，她知道自己富有创造力，并且热爱自然，渴望找到一份与之相关的工作。那时，疫情肆虐蔓延，她只能独自在布鲁克林的狭小公寓里埋头工作，她每天连续工作16小时，但这些项目根本无法为她带来灵感。"我一直想象着自己在森林里的某个角落，我想让这个想法变成现实。我想离开纽约，但我已经在这里生活了17年，这让我非常纠结。"除了工作之外，安德莉亚和伴侣的关系也遭遇了危机，所以她在职业和个人发展上都面临着"问题时刻"。

图5.1 自我世界的契合点

复杂多维的"问题时刻"通常会让我们产生威胁反应，一旦我们平息了这种威胁反应，更深层次的问题就会随之出现。对安德莉亚来说，她将会面对更多曾经从未思考过的可能。对其他人来说，他们会质疑自己的身份，以及被裁员将会对自己产生什么影响，或者在合并的团队中自己的位置是否会发生变化。无论哪种情况，对自己有清晰的认知都有助于我们跳出现状，思考自己与外部世界的可能契合之处。

为什么要有清晰健全的自我认知?

自我意识让我们找到自己在这个世界中的定位。我们对自己的认知，以及别人对我们的看法影响我们理解世界和定位自己的方式。之前的章节已经讨论过，停滞和干扰会让我们感到迷茫，对自己产生质疑。如果我毕业后没有找到一份好工作，我会是谁？如果我掌握的技能在就业市场中不再有优势，我会是谁？如果我有了孩子，我会是谁？如果我决定继续求学或放弃继续创业，我会是谁？我们不断思考，却从未想过解决它们，更不会把这些问题当作灵感。于是，我们陷入了沉思，错过了收集有用信息的最佳时机。

组织心理学家塔莎·尤里奇（Tasha Eurich）将自我意识称为21世纪的元技能，将其定义为"看清自己的能力，即一种了解我是谁，别人如何看待我，以及我如何融入周围世界的能力"。显然，追求对自我的理解比当代的领导思维要深刻得多。我们已经花了数千年来试图了解人类适应这个世界、定义美好生活的方式。尤里奇曾说："我们认清自己后，会变得更加自信、更具创造力，做出更加坚定的选择，建立更稳定的关系，开展更高效的交流。我们的道德感也会有所提升，最终成为更有效率的领导者，我们将拥有更喜人的团队和收入，我们的团队会更令人满意。"（尤里奇，2017）

进入边缘空间学习时，可以用掌握的信息和洞察力深刻认识自我，这一点尤其重要。一个人在荒野中迷路，找到方向是帮助你定位自己、找到出路所需的信息之一。这时，明确自己是谁与明确自己的方向同样重要。你受伤了吗？是否受到惊吓？能相信自己的判断吗？什么会成为你继续前进的阻碍？如果你扭伤了膝盖，就要思考其他走出荒野的办法。如果你不会游泳，就要想办法绕过水路。如果你受到了惊吓，可能会做出糟糕的决定。了解自己的长处和短处，有助于确定最佳方案去跨越、克服或绕过前方的障碍。

研究表明，我们都觉得了解自己，但是大多数人对自己的了解都不充分，这会有碍于我们发挥最大优势，也不利于我们收集资源弥补弱势。关注自己是谁和自己的目标有助于我们搜集信息明确现状，向前探索。第二章中，我们借助复原力转盘进行反思，了解了哪些领域的复原力可以平复自己在"问题时刻"的激动情绪和膝跳反应。了解了哪些情况会让我们情绪激动，产生威胁反应，可以更好地平息激动情绪，冷静下来，慢慢克制好奇心。自我意识的作用不仅如此。我们还需要结合自己在职业和生活中不同领域的经验，思考更复杂的问题：我们在意什么？我们想扮演什么角色？我们如何将自己的志向与社区、职场，甚至整个世界的需要联系起来？

在实践中塑造健全的自我意识

未知领域可以是机遇，也可以是挑战（或者两者兼具），无论是了解目前所处的领域，还是选择想走的道路，都需要从内到外制定指导原则，而不是仅仅依靠文化习惯和社会组织的理想来指引方向。所以我们需要在实践中关注于塑造健全、真实的自我意识，这是在21世纪生活的关键能力。过去的观点呼吁我们追随自己的热情和人生的意义，那么，究竟该如何转变这种观点，主动探究是什么让我们运转不停，我们需要什么资源才能在高效工作的同时保持身体健康呢？

如前所述，我们可以借助书籍、博客、个人测评和其他评估工具深入了解自己，也可以求助于治疗师、心理教练、教育家和其他研究职业和个人发展的专业人士。还有一些为此开发的工具、框架和资源可以帮助我们发现优势、明确身份，管理时间，培养新的能力应对变化。其中有些工具很好用，有些工具则效果甚微。你不妨在选择新的工具前，回顾一下过去的经历，思考还有哪些地方存在认知空白，以及你会如何填补这些空白。

这样一来，就可以避免在各种可能有用的办法之间犹豫不决。我们还可以结合自身能力、兴趣和志向开展自我探究，将重点置于探索发现而不是解决问题上。这种自我探索可以代替依次尝试，更快地找到解决办法。很多人曾被要求使用某些工具或者完成某些测评，但他们常常并不认可那些方法，而自我认知的办法则不会让人感到失望。领导者或教育工作者可以用这种办法鼓励下属或学生，为他们提供资源，让他们在专注积累证书、参加课程证明自己有所收获之余，学以致用，更好地认识自己，在工作和学习中表现突出。还可以在发展实践中引入探究和认识的方法，鼓励他们思考该重视什么，以及如何将这些价值观、抱负和动力带入实际工作中。

无论你是独自工作还是与他人合作，探究都始于我们对内心世界的有意探索，这个过程没有"标准答案"可以参考。许多读者已经花费数年来探索自我，探索是什么让他们无法平静，希望在这本书中找到答案；还有很多读者第一次接触这个概念。在阅读这本书时，会花数年的时间来探索他们是谁，以及是什么让他们心动。其他人对此则陌生不解。不管怎样，这本书的重点都不在于如何应对进展顺利的情况，而在于如何应对"问题时刻"。停滞和干扰可能会激发我们最好的、最坏的或意想不到的一面。胆小的人可以变得勇敢无畏，而原本勇敢的人在面对不确定的转变时也会变得谨慎。当环境和风险因子发生变化时，人们也许会产生不同寻常的反应。所以，在"问题时刻"来临时，看清现状比借鉴过往经验更有帮助。这促使我们探究现状和自己在特定情景下与周围世界的联系。没有志向、没有理想、没有"真希望我做了"……只有对目前情况的一次简单但全面的考察，包括讨厌的、痛苦的和未成形的一切。这可以帮你找到一个起点。你可以通过下面的绘图练习开始思考。

◎练习：通过绘图描绘当前状态

在探究初期，我们还没有充分探索未知领域，这时可以通过绘图描绘现在的状态。这个练习不需要花很长时间，也不需要必要全部做完，这只是一个在探索的起点观察整个转变过程的机会。答案没有对错之分，明确我们哪里存在认知空白与描绘已知情况同样重要。在探究过程中，你可以反复进行这个练习，然后通过结合复原力转盘的测评结果、适合你的隐喻，以及我们观察到的其他信息进行反思，明确自己的处境和希望去往哪里。请记住，你可以用任何形式收集信息。这个练习需要你独立完成。另外，也请你暂时不要将其分类或展开分析。你只需思考、捕捉信息并开始创造，就会有一个很好的开始。

活动地图：回顾你目前参与的活动，创建一个可视化的图表体现你当前的时间规划（包括工作中、工作之外、网络活动的时间等）。你可以使用日历、日记或其他工具，尽可能全面地体现你的时间规划。

技能地图：回顾你目前具备的技能，绘制一张技能地图。可以是专业技能、个人技能，或者其他无关的能力。想一想那些让自己倍感骄傲的成绩，无论它是否与我们的工作相关。再次提醒，请不要带着审视的眼光。

影响力地图：回顾你目前的影响范围，创建一个可视化图表，展示你在个人、团队、组织、网络社区等大小群体中具有的影响力，其中可能有积极的，也可能有不太积极的。请客观、如实地填写图表。

感知地图：回顾你目前对事物的感知。你希望知道什么？希望做什么？想改变什么？希望对世界产生怎样的影响？你的生活是什么样的？你为自己而活还是为他人而活？你希望留下什么？你希望在家庭、社区、工作中，留下什么样的感受？大胆地确定这些问题（请纵观全局！）不要审视自己。

障碍地图：回顾自己对于现状的感受。你遗漏了什么？哪些资源还有欠缺？你在哪些方面没有发挥作用？什么让你有压力？什么让你感到痛苦？

资源地图：回顾你目前对可用资源的认知。哪些对你有帮助？你在什么领域有充足的资源？你的强项是什么？什么让你感到愉悦？

开始塑造感知

我们在完成这些地图的过程中，就会发现自己的边缘学习空间正在慢慢成形。你会发现自己已经拥有了资源，有的领域资源丰富，有的领域还有欠缺。你会明确自己的志向，无论前路是否清晰，都会继续坚持。你也许想赶紧完成这个测评，然后抓紧时间继续前进，但这个练习的目的正是要让你意识到，自己已经身处新的领域。你可以用X标记这个起点，可以选择停在原地，也可以追求新的可能性。这是了解和评估现状的最佳方法，在决定接下来的行动前，请准备好开始更进一步的研究和感知。

关于感知的理论和实践知识浩如烟海，如果你盲目开始，可能会更加不知所措。专家与研究人员仍然对"感知"的含义和在变化中如何通过感知理解自己的处境争论不休。这些观点很有趣。我们的目的在于使用这些技能在不断变化的职场和个人生活中找到自己的定位，整合我们与生俱来的感知能力，并通过观察、探究、试验和试错来进一步提升这些能力。

每个人都具备感知和寻路的基本能力，我们认为这些能力是与生俱来的，但是，并非每个人都能有意识地认识到自己在不同情况下的优势。因时因地发现优势需要集中注意，投入实践，而不是困于思考感知的意义和作用。不过，我们感知事物的方式是多样的，这更像是一门艺术，而不是科学。因此，我希望你在"问题时刻"来临时，不要过多关注于感知的定义，而是投入到感知实践之中。一旦威胁感出现，我们就可以开启有意探究的实践。试一试，把"我不知道该怎么做！"变成"我现在做得怎么样？""我在哪里遇到了困难？""我该怎样调动情绪、生理、物质和社会资源帮助自己找到前进方向？"这样一来，我们就可以行动起来，克制好奇，开始探究实践。

这种方法需要你或你的团队培养适应陌生环境的能力，这种能力需要综合自己的志向、价值观、资源、人际关系和其他个人因素。我们都有感知自我的能力。但你也可以通过实践与观察来塑造自己的感知能力。

我们生活在一个动荡的时代，变化是这个时代的主题。一方面，如今的一切都与过去几代截然不同。科技与人类的进步带来了无数的机遇，同时也带来了我们从未面临过的复杂且难以抉择的情况。另一方面，我们社交、成长、变化、学习和追寻目标和意义，以及与后辈分享经验智慧的方式仍然与前几代人类似。尽管这些变化要求我们重新思考一切事物，但人类还是照常出生、成长、改变，直到生命终结，这和我们祖先的生命历程没什么两样。我们已经找到了许多答案，但关于"美好生活是什么？""我们要成为什么样的人？"这类有趣的人类核心问题仍然没有答案。几个世纪过去，人类的技术早已迭代更新，我们需要在新的背景下解决这些历史问题。

尽管如此，我们也常常从简单而实际的问题开始解决，比如"我们该如何谋生？"因此，人生的目标和意义可以成为我们探索职业和个人发展道路的导向。当我们处于职业和个人的转折时，不仅要再次思考自己该去哪里以及如何到达那里，也要考虑自己的身份和存在方式。无论是对个人还是团体，无论是在工作中还是工作外，这种观点都很适用。理解生活，以及生活中各方面与自我世界的契合点，是人类的基本技能，也是通过感知探索道路的核心。

在疫情期间，我们遭遇了全球范围的挑战，周围的环境发生了翻天覆地的变化，还经历了长时间的停滞期。除了一线员工，所有人在生活中都无法转移对疫情的关注，还提出了更深刻的问题。其实，我们不必等到这种影响巨大的偶然事件出现后再进行深入探究。即使是最普通的"问题时刻"，只要我们认真对待，也可以成为抉择的关键点。这些重大事件可以在我们个人、组织、项目发展中起到推动作用。

因此，如果你按照以上方法进入边缘学习空间，就会发现自己面前有很多选择，这些选择可以指引你找到方向。

但你不应就此停下脚步。你还需要思考，在与他人处于相同情境下，自己是否有所收获，同时认识到哪些志向有助于探索前进的道路。因此，寻路的过程绝不可以按部就班。正如上文中荒野探险者的例子，寻路是一个不断在行动中学习的过程，也是一个根据新的信息不断调整自己的过程。这既是一个由内向外探索的过程，也是一个根据环境自外向内探索自身过程。

本章启示

◆进入未知领域后，健全的自我意识是寻路之旅的起点。

◆在感知与寻路的过程中，可以通过自我世界的契合点找到前进的
   方向。

◆描绘目前的状态有助于开启探究。

第六章　聚焦

"那么，你期望什么呢？"当我的学生、客户和研究参与者感到失落不安时，我经常这样问他们。

"我只想开心一点。"

"我想做些有意义的事。"

"我想追随自己的热情做事。"

"我想扬名立万。"

"我想赚大钱。"

"我想改变世界。"

这些答案都有理有据，但对于在过渡期找到自己的定位没有太大帮助。我继续问他们：

"什么让你感到快乐，你打算怎样做这些事？"

"在工作和生活中，你认为什么是有意义的？"

"你对什么充满热情，你在生活中会接触到那些吗？"

"多少财富和声望会让你感到满足？如何知道你拥有了它们？"

"你想为世界带来什么变化，是什么让你认为自己会是那个改变世界的人？"

如何在日常生活中朝着自己的理想前进？如何将理想的结果转化为具体、实际的行动？这个过程将寻路问题从理论推向实践，这也是让很多人心生困顿的地方。在森林中迷路后，我们知道要找到自己的交通工具；在沙漠中迷路，我们知道要寻找绿洲，知道"该做什么"与知道"该如何做到"截然不同。因此，在寻找方向时，充分认识自我和理解具体环境都很重要。

我们努力将理想转化成实际行动，在这个过程中，我们很快就发现，即便在时间、资源和机会都有限的情况下，仍然有很多方法可以实现上文中人们的那些期望。如果仅仅依靠自我意识来指引前进道路，可能会把自己，以及自己的需求、愿望和欲望作为寻找道路的核心，这非常危险。在另一个方向上矫枉过正，可能会把更多实际因素作为我们寻找方向的核心，还可能因过于关注他人的期望或需求而偏离方向。做到内外兼顾可以帮助我们避免找错重点。我们要在关注自我与关注他人之间不断找到平衡。这就像一场双人舞蹈，默契的舞者可以预见舞伴的动作轨迹，他们可能比自己更了解对方。合拍律动会展现双方无比曼妙的舞姿；而当步伐不一致时，两人就会陷入混乱，需要从头练习。寻路的过程亦是如此。

几种寻路类型

在第五章中，我将寻路称为在边缘空间提供指引的标识、地图或其他导航系统。在物质世界的空间中，我们将卫星定位系统这种帮助我们找到明确道路的辅助工具称为"辅助寻路"（图6.1）。工作形式仍不断变化，但仍有一些领域和公司存在固定的晋升机制。部队、执法部门、应急救援队和政府服务部门都是很好的例子。卫生健康、教育和专业服务行业中还存在这种机制，至少目前还在使用。

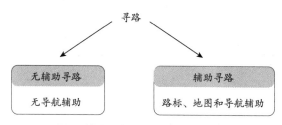

图6.1 辅助寻路路标、地图和导航辅助

这些领域的从业者很可能在"问题时刻"遇到困难和阻碍。如果你所在的行业还在沿用20世纪的思维方式，那么未知领域将持续存在，但通常会在我们进入或离开公司时出现，而不是从内部出现。我就职于爱迪生联合电气公司那年，父亲发现这家公司的平均任期是34年，他对我的这份工作非常满意。我的同事在20岁左右就做好了职业规划，要一直待在爱迪生联合电气公司，直到退休。员工的职业道路是由人力资源部门、工会合同和组织框架图设定的，对那些刚刚踏入职场、还会受到文化习惯和传统影响的年轻人来说，这些必须按部就班地完成。即使每天都会出现问题，但目标和预期结果依然清晰。身处21世纪，这种工作和生活方式愈发罕见。

无辅助寻路

在无辅助寻路中，没有地图，没有路标，也没有卫星定位系统。这就是我们之前讨论过的空旷海滩和零工经济（图6.2）。一旦我们脱离那些为工作、生活、商业和战略设定的标识和系统，便能走上自己的自由大路。徒步进入森林和另辟蹊径的人们会拥有这种自由，但也会面临诸多不确定事件，可能会迷失方向，也可能原地打转，因为他们探索的是自己的道路。我们可以将这种区别当作坚持走固定道路的原因，因为阻碍和"问题时刻"一定就在前方。在这种情况下，我们需要自己辨别前进的道路。明确自己希望去哪，以及可能通往那里的路线，将照亮我们接下来的道路。但是，尽管人们非常需要这种技能，但是他们却没有接受过相关的指导。

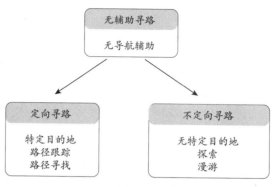

图6.2 无辅助寻路

定向寻路

无辅寻路又包括定向寻路和非定向寻路。定向寻路有特定的目的地，我们的首要任务就是找到一条直达的路线。有时我们知道自己的目的地，但没有可行的道路，也没有路标的指引。也许我们刚刚脱离原来的生活，或者刚刚进入职场，还没有发现如何通过行动实现愿望。领航员说，定向寻路包括寻找希望、追随面前的道路，以及探索新的道路到达目的地。在实践中，我们要向那些已经抵达目的地的人讨教经验，了解他们选择的路径。我们可能会找一份工作或去实习，让自己离目标更进一步，还可以通过其他经验加深理解，打开新领域的大门。

非定向寻路

非定向寻路则更适合艾丽卡、阿什利和其他没有明确目标的人。非定向寻路包括探索和漫游，我们将在第三部分详细讨论。无论哪种情况，无论我们是否有固定的目的地，无论我们是否随着技术的进步不断学习，都不再注重等级，这意味着我们必将经常面对新的领域，需要不断在其中探索道路。

我们知道，现在根本不可能找到一家好公司并在那里待上三四十年。但许多人，其中甚至包括20岁左右的学生，都怀念那个职业和人生道路从一开始就清晰的时代。我们乐于学习新技能和经验，学习使用网络，愿意成为能解决问题的优秀人才，但我们在学以致用这方面仍有不足，不知道该如何将这些理想与实际生活结合起来。这种犹豫不决有时会让人不知所措，带来新的问题：如何能培养自我导向的技能？什么样的辅助寻路和服务是有必要的？如何帮助人们在变幻莫测的环境中找到自己的方向？

在进一步探讨寻路的意义之前，我们需要知道，这里展示的所有寻路框架、工具和方法都来自个人和团队的经验，这些经验来自各行各业。尽管这些方法工具已经过多种场景的验证，我们在使用时仍然需要使用根据情况进行调整。请放心大胆地选用。在你所处的场景中测试这些工具，然后留下那些对你有帮助的。让我们从希望指南针开始，这是一个帮助大家在跨入未知领域时找到方向的工具。事实证明，希望指南针能帮助个人和团队在边缘空间站稳脚跟。

是的，它叫"希望指南针"。

有些人认为，"希望可不是一种策略""希望只是一种美好愿望罢了"，在这些人起哄之前，我们来说说何为希望。我借鉴了卢丹斯（Luthans）及其同事的研究，他们将希望概念化为"心理资本模型"，这证明了希望和表现之间的正相关关系（卢丹斯等，2015）。希望的力量在不同领域都有体现，如田径运动、学术研究、工作生活，企业盈利能力、员工满意度和企业承诺等。寻找新道路的意愿和动机会为我们提供正能量，更好地把控事态发展"（兰特等，2009）。我确信，一些哲学家、神学家和社会科学家可能会对此陈旧观点提出异议。但就目的而言，以变化的道路为导向的机构能在我们进入不确定的过渡期，内心迷茫困顿之际提供更有助于思考希望的框架。特别是他们将希望看作寻找意志和方向，这对于开启未知旅程具有特殊意义。

希望指南针

需要注意的是，这里的希望指南针（图6.3）并不是为了指

98

引你找到"真北"，也不是为了帮你找到你自己、你的目标或动机。其实，这种希望指南针更像是中国公元前4世纪的司南。这些指南针可以用来指示物理空间，但并不适合。据说，人们使用早期指南针只是为了提升洞察力，以便更好协调生活与环境（梅瑞尔等，1983）。虽然希望指南针无法让我们获得成功或幸福，但它可以帮助我们面对不确定的过渡期。

请记住，希望指南针与普通指南针一样用法多样，但它无法替你决定该去往何方。希望指南针不会把你引向特定的方向，更不会为你设定理想的目的地。

我也无法做到。

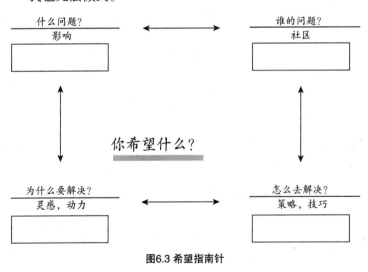

图6.3 希望指南针

当前进的方向不明确，而你又毫无头绪时，希望指南针可以提供思路。无论是"我该不该换工作？"这类重大问题，还是"我们要与这个人合作吗？"这类小问题，都可以使用希望指南针。希望指南针与旨在推动成长进步的工具不同，它促使我们进行跨领域思考，因此尤其适用于边缘空间和"问题时刻"。

这个问题极具挑衅性。它是抽象的、触不可及的，这两种特质在职场中都无法为我们带来赏识或奖励。也许在个人生活中提出"你的希望是什么？"这个问题更容易让人回答，但无法具体地策划执行。这也是希望指南针在边缘空间会有用的原因。思考我们希望的是什么，以及如何接近它，可以让我们缩小视野，思考一个方向给出具体结果。当我们准备开启新的项目或对新的挑战犹豫不决时，可以反思什么才是重要的，为我们个人和团队的探究打下基础。希望是非常有用的路标。

◎请思考下面这个问题

想一想你现在面临的挑战或转折点。思考你在这之前、期间和之后希望得到什么。

解决棘手问题的方法

在我们进一步探讨希望指南针之前，我对它解决问题的方向提出严谨的批评。如果我们无意间将寻路看成一个亟待解决的问题，那么我们就可能认为所有事情都是问题，还会错过机会。常言道："如果你手里拿着锤子，那么在你眼中所有东西都是钉子。"也就是说，当人们发觉自己进入了边缘空间（或迷失在其中）时，大多会将最初的探究当作问题来解决，这说明许多人解决问题的思路存在局限。优秀的木匠会自己制造工具，所以你也应该像他们一样，修改框架中的关键词，以便更好地适配你的隐喻和你所处的情景。没有完美的寻路工具，但它们可以提示人们通过加强自己的知识和理解去弥补这些不足。这些工具给予的提示可以让我们在做出决定之前，明确自己的处境。再次提示，我们并不是要寻找一个具体的答案，关键是要让希望指南针促使我们反思和探究，而不是纠结于细枝末节的问题。借助希望指南针，我们可以更深入地了解自己在哪里，怎么样，以及可能到达哪里。希望指南针还可以帮助我们确定所需资源应对眼下的机遇与挑战。

还有一点需要注意。我会教你使用希望指南针，但这不是一次就有效的练习。就像你在长途旅行中借助GPS规划线路一样，你也许要反复使用这个指南针。因此，我们通过实际操作来学习它的使用方法。我希望你能在了解这个指南针之外，还能有所收获。

接下来，我们就开始吧。

你的问题是什么，你怎样解决问题？

无论在职场还是个人生活中，大多数人在面临挑战时，都会下意识地快速思考解决办法，大多向我寻求帮助的人都会这样。他们确信自己来到边缘空间后，就立刻找到了问题，比如是否该换工作、如何平衡工作与生活，接下来就是找到答案，越快越好。**虽然希望指南针可以为我们带来解决问题的新思路，但却无法直接提出解决办法。**

> While the hope compass can be quite effective at prompting new thinking about problem solving, the route from problem to solution is not direct.

我们在探究中提出问题、搜集信息时，新的问题和见解也会随之出现。通常来说，探究并不是直接寻找解决方案，而是分析问题的过程。因此，我建议你从那些最基本的问题开始探究。

有些人（你可能也是其中之一）非常清楚自己希望解决的问题。可能是想要激励团队的经理，可能是想有所作为的毕业生，也可能是想要进入公司高层的中层管理者。这些人可以以模型的左上角为起点。如果你还不清楚，也先不要着急。你只是把自己局限在了第一个最佳想法上。使用希望指南针的关键在于：不要在某个具体问题的答案上停留过久，因为探究问题的过程中还会出现更多新的问题，请思考这些问题之间的关系，这可以帮助你应对当下的情况。请思考你在当下面对的问题，写在图6.4的空白处。

图6.4 问题是什么？

接下来，请记住这个问题，同时思考，你需要解决的是谁问题。举个例子，如果你想提高销售额，那么这个问题是关于谁的？顾客？销售人员？还是负责制定方案的经理？由此看出，面对问题的群体不同，解决问题的方法也不同。这个问题促使你进一步思考，帮助你同时专注分析问题和解决问题。请在图6.5的空白中写出，你希望以哪种身份解决问题。

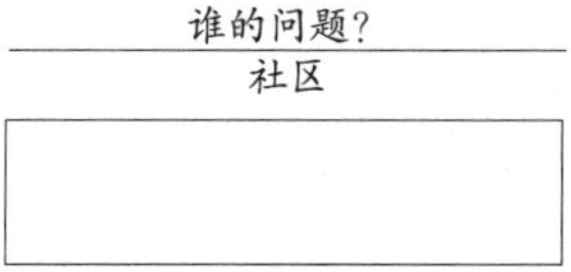

谁的问题？
社区

图6.5 谁的问题？

为什么要由你或你的团队来解决这个问题？思考这个问题对于解决问题很有帮助。这可能看起来有点反直觉，让我们认为"这就是我的职责"或者"因为我说过会解决它"，这会是更细致深入的问题。我们在职业和个人生活中都会遇到许多挑战，因此可以考虑很多可能的方向。但你如何知道自己或团队是应对挑战的最佳人选？如何确定哪些问题是你要解决的？思考这些问题有助于你在最佳时机调动适合的资源处理适合的问题。请务必结合其他问题的答案思考。前面已经提到，希望指南针最适合用来比较不同问题的答案，而不是针对单一领域给出最正确的答案。请用你在上文确定的问题，思考为什么你或你的团队要解决这个问题。请在图6.6中写下你的思考结果。

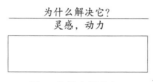

图6.6 为什么解决它？

　　大多数团队和个人都习惯从一开始就寻找解决方法，甚至有时需要准备好解决方案后才会把问题呈现出来。希望指南针可以让我们拓宽视野，从宏观角度考虑问题。思考"谁来解决问题？""解决谁的问题？"和利益方的需要，可以让我们在思考快速应对方法的同时，结合实际情况，给出更具创意的解决办法。现在，请你想一想，你会如何解决上文提出的问题？请把答案写在图6.7的空白处。

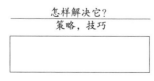

图6.7 你怎样解决它？

◎行动中的希望指南针

蒂姆·吉利根（Tim Gilligan）是一家大型国际金融服务公司的设计负责人，他自己和团队都使用希望指南针和其他寻路工具。吉利根告诉我："我们的工作没有指引可以参考，领导不会给出确切的方案。只要灵感来临，我们就能产出无数种可能的方案。希望指南针能帮我更好地锻炼团队，让我们知道自己的目标、还缺少什么资源，以及会为团队和项目创造什么成绩。"

吉利根认为，公司管理者的主张并不适合套用固定的实践和框架，而是需要改变系统："世界不断变化，希望指南针和寻路思维可以帮助我们锻炼自己和整个团队，让我们在逆境中向前，为团队和客户带来效益和愉悦的体验。当过往的经验不再奏效时，你不妨试试希望指南针，它会为你带来新的尝试、让你保持耐心和好奇。"

吉利根说："我们专注于结果，用团队成员独特的价值观、视角和方法实现目标，如果我们一开始就认识到前方没有路线指引，那么我们就可以自由地规划路线，成为指定路线的那个人。"

一些注意事项

希望指南针给出的提示会帮助你解决问题，也会提出新的问题。无论你和你的团队目前面对的挑战是大是小，都可以用希望指南针明确自己的方向。每一个"问题时刻"都是不同的，因此我们每一次面对这些时刻的身份也会发生变化，这一点很重要。我们的价值观、动机、志向和承诺会随着自身的成长、蜕变、甚至进化不断变化。无论是团队还是个人，在适应新的环境、学习新的知识后，都可能改变自己的价值观和行事优先级。

我将希望指南针的顺序重新排列，目的是希望你能从中发现背后的设计原理。请切记，你需要结合自身情况使用这个工具，从你最了解的情况开始探究，也要在这之中随时关注变化环境。你会更清楚自己的目标。你对自己想解决的问题有深刻地认知，但从未问过为什么自己是解决那个问题的最佳人选。请从最熟悉的地方开始。如果你感觉走入了死路，就再选择一个提示。你可以在不同领域提出问题，尽你所能，明确接下来的开展工作的对象和方式。

本章启示

◆ 寻路是一个细致入微的过程，需要我们根据对目的地的了解，以及手中的定位的工具采用不同的方法。

◆ 自我探究是一种基本的寻路能力，需要准备好工具。

◆ 希望指南针是一个有用的工具，可以帮助我们在未知领域确定方位。

第七章　可能性是什么?

"如果给你一个2000片的拼图,你会怎么拼好它?"大多数人会说:"我会从四周开始"。这是最常见的回答。其次是"我会按颜色拼"还有一种答案是:"我会根据样图收集相关的碎片。"

很少有人会答到点子上,答案应该是:先把拼图倒出来,摊在桌子上,然后把每一片都翻到正面,然后仔细观察,根据情况选择拼图方法。大多数人都会这么做。

"如果拼图没有边缘该怎么办?"我追问,"如果拼图颜色单一,或者盒子上没有成品图供你参考,你又会怎样完成呢?"**我们还在沿用过时的标准化流程,没有发现我们自己、家庭和组织机构都在发生变化。**这个

We rely on old or standardized processes and fail to recognize that we, our families, our organizations are evolving and changing as the context around us changes.

简单的练习从理论出发，深入实践，对我们探讨寻路和感知都很有帮助。

"问题时刻"与散落的拼图碎片一样，每一个都截然不同。我们在面临不确定的过渡期时，常常会跳过那些最基本的步骤，例如倒出拼图，在桌上摊开、翻转，然后开始寻找拼图方法。有的人喜欢从角落和边缘开始，有的人会按颜色分类拼凑，但是拼图方法往往由拼图的本质决定。寻路的过程也是如此，我们在实际的感知方法往往并不如预想得那般高效。

停下来，收集碎片

以上六章说明，在面临不确定的转变时，我们要围绕身份、自我导向和寻路进行反思。首先是你与威胁反应的关系；你面对"问题时刻"的反应，以及积累资源的重要意义。然后，通过隐喻来重新构建过渡期，定义过渡性学习空间和适合的时间跨度。在探究过程中，我们会反问自己：我现在在哪里？我在这个空间中是什么角色？这里有一些可能对你有帮助的绘图和思考练习，你也可以自己选择适合的工具。可以是书籍、个人资源、社会资源，也可以向心理医生、教练、导师或者其他认识的人寻求帮助，通过多种方式由内而外了解自己目前的状态，无论你是否乐于看到这些结果。

我并不是为了简单回顾上文，而是要强调，前面几章的内容就是本书中的拼图碎片。这些碎片至关重要。我们在头脑中梳理这些想法并整合起来，就可以同时看到跨领域的解决方案，而缺少这些碎片会让我们更加迷茫困惑。记住所有的碎片就像是从盒子里一片片拿出拼图拼凑完成，这并非毫无可能，只是会让事情变得更加复杂晦涩，过程也不那么令人愉悦。

实践的方式多种多样。实践中应更加注重感知而不是收集信息。如果你常常用清单或电子表格收集信息，那么我建议你不妨换种方法。列表和电子表格也是很好的办法，只是更适合用来管理信息、提高效率，这类工具在以感知为导向的场景中具有局限性，就像把拼图碎片叠在一起不会对整个过程起到帮助作用。感知的过程更像是把脑海里的想法、点子和顾虑提取出来，将它们具象化后再进行排列组合，绝不是简单的罗列分组。

如果你喜欢场景模拟，那么便利贴、索引卡片或者其他小物件都会很有帮助。也许你在清理家里或办公室的墙壁时会留下一些想法，别急着擦掉，就像把拼图倒在桌子上一样，让这些想法在你所处的空间里停留一段时间。你可以随时补充新的想法，随时梳理；也可以随身携带纸笔，随时记录新的灵感，比如你可以把便利贴或索引卡片装在钱包或书包里，放在抽屉或床头柜这些触手可及地方。这可以让你保持思维灵活，让灵感在头脑中继续流转，进入感知空间。你也可以借助在线白板这种数字化工具收集想法，将感知具象化。

先别急着归类！

不加分类地罗列信息并不符合我们惯常做法，所以许多人可能不太适应。通常来说，我们会通过缩小搜索范围快速找到答案，就像在盒子里找到想要的那块拼图，但是这样就会忽视其他可能的选项。感知的方法可能正好相反。首先，我们会搜集脑海中的所有想法，注意不要将这些想法归类。这些想法可能杂乱无章，有的来自职场，有的来自生活，但正是通过这些杂乱的观点，我们才能站在宏观的角度分析现状，看清各领域之间哪里存在冲突。

不过，即使我告诉大家不要分类，他们也会笑着告诉我，他们很难做到，一部分原因在于我们所接受的教育，还因为我们需要将自己的想法写在清单上，再依次将其具象化。这个过程一开始会让人难以适应，但是之后你就会意识到，在做出决定前捕捉脑海中的想法，可以发现这个决定的价值。许多完成过这个练习的人，都将这一部分视为修改游戏规则的过程。练习过程中，他们不断查看自己记录想法的便利贴、索引卡片和在线白板，发现自己记录了太多关于利益、压力、梦想、恐惧相关的内容，他们对此感到惊讶。这些想法穿插在在他们的职业和个人生活中，现在终于可以释放出来。练习结束后，他们都感觉如释重负。

伊薇特·奥沃是埃森哲前商业战略主管，现在她拥有一家战略和教练公司。她做完这个练习后感到茅塞顿开。"我曾在大本营待了很多年。很多同事都建议我去攀登，但我需要的只是组织资源、休整和制定游戏计划。"奥沃经历过许多高风险的"问题时刻"，包括职业转变和平复车祸带来的身心创伤。奥沃在数字白板上不断记录出现的想法，这让她能够释放压力，给身心留下一点空间，让她专注于其他的事情。奥沃说："人的大脑中有网状激活系统（RAS），它能让我们牢记最重要的事，忽略不重要的事。"奥沃说自己心中有无数重要的事，这让她心力交瘁。"我的业务、我的身体、我的家庭和生活，我总是不停地思考这些问题。但是自从这个练习开始，只要我在白板上写了什么，我的网状激活系统就会让我把它忘掉，我感到轻松多了。"

有些人喜欢把自己的想法写在墙上，或者把写着想法的便利贴贴满白板，但奥沃与他们不同。她在准备好思考那些想法之前，会将它们置于视线之外。"我不想把家里的墙全部贴满，也不想列清单，这样会让我不得不去做些什么。"因此，奥沃把自己的想法写进了在线白板，等她准备好了，自然就会打开解决问题。她很喜欢这个办法，还介绍给了团队其他成员，帮助他们分辨任务的优先级，还能推动团队协作，发现新的可能性。

拼图碎片虽然凌乱，但可以让我们发现针对实际情况的新方法，帮助我们渡过难关。

发现可能

这时，你收集的拼图都堆积在一起，请跨越不同领域展开探索，这会让我们发现曾经在单一领域内未曾发现的新机遇。同时，还会有一些有趣的问题，比如我们如何创造一种以个人、组织或社区为单位的实践，既能带我们走向传统意义上的成功，也能创造时间和空间帮助他人实现进步。这就是安德莉亚的"问题时刻"。安德莉亚想要离开纽约，换一份更接近自然的工作，至少要过上可以近亲自然的生活，她在转型期迷茫不已。安德莉亚也考虑过换个行业，林学、植物学、环境科学，甚至去当公园管理员，但这些想法都还只是想法，需要进一步探究才能"发芽开花"。我鼓励安德莉亚去学习、探究这些想法的可能性，无论它们多不切实际，都需要通过实际行动来得到验证。

成为护林员需要什么资质？在这些与自然相关的领域中，还有其他的职业选择吗？你是否具备这些岗位需要的技能？或者你是否需要回到学校学习？你是否有便利的资源去开启积极等待的空间？安德莉亚打开思路，开始在实践中探索这些问题的可能答案，不过，这似乎在她理想的自我世界契合范围之外。

安德莉亚终于向着自己的埋想迈出了第一步。她先去拜访了自己住在科罗拉多和华盛顿森林的亲友，安德莉亚在那里待了几个月，随后去了爱尔兰的凯里山区。又过了一段时间，她搬到了斯德哥尔摩，探索新的生活方式。安德莉亚的圈子遍布全球，她在创造更加多样的工作机会之余，还能亲近自然，学习风景摄影。安德莉亚说："我感觉自己像雏鹰一样被推出了巢穴。生活告诉我，城市不适合我，你的人际关系、你的工作都无法为你带来灵感。所以，去追求绝对自由和创造吧。"追求更广阔的视界让她燃起了冒险与探索的热情，她重新找回了自己真正的兴趣和天赋。"这都要归功于实践探索，如果没有放弃熟悉的一切去探索新的可能，我永远都无法成为现在的自己。在这个世界，只要开拓视野、拥抱多种可能，每个人都可以为自己创造自由的生活。这就是我此刻正在做的事情。"

更广阔的视野不仅包括认识所有潜在的可能性，还包括根据事件的重要程度，重新思考优先次序，甚至舍弃一些事件。这就像是攀登者进入珠峰大本营。前几章提到，攀登与在大本营休整、补充资源同样重要。大本营的作用远不止帮助攀登者调整身体状态和含氧量，还会总结上一段旅程中出现的变化，为重新出发做好准备。这个过程需要攀登者反思：那些装备需要随身携带？那些可以在去程路上抛下，回程时再捡起使用？山顶的天气如何？其他攀登者能分享什么有用的信息？这就是为什么即便是痛苦的混乱事件，也会促使我们仔细思考。不仅要思考混乱发生的原因，也要回顾生活中的每个部分，确认自己正确利用了资源，在下一段路程中卸下负担，轻松上阵。无论我们曾因此放弃过什么，都是心甘情愿的选择。

世界各地的很多宗教信徒都会通过献祭物品来表达对宗教的信任、信仰和承诺。我认为，"祭坛"是一个很好的隐喻，可以用来形容我们思考自己创造的职业、生活和组织中的个人要素是否与世界观和意愿相匹配的实践过程。

安德莉亚重视金钱、稳定和成功，对她来说，她需要转变自己对于这些事物的固有看法，但同时也可以为自己创造庇护所，重新思考探索与可能的优先位置；而对于其他人来说，这代表有意放弃自己的远大抱负。和我共事大约6个月的女同事也遇到了这种情况。"可能我还没准备好现在就去追求梦想。"

她不敢与我对视，只看着杯里的咖啡说道。她又详细地表达了自己的犹豫，很显然，她的问题不仅是"问题时刻"引发的威胁反应。深度分析和评估她的复杂生活就像打开了潘多拉魔盒，事实证明，这比她预想得要更具挑战，这位同事想要了解自己内心和周围人群的复原力，之后再向着她开始质疑的目标前进。

我对她说："我们太过执着于行动和远大理想，常常会错过真正有利于当下发展的机会。"她听了这番话，肩膀渐渐放松下来，露出了轻松的表情。她承认，自己背负的理想已经变成了负担，再也无法为她带来动力。当她卸下梦想这个负担后，她的心中产生了更加强烈的渴望，她想为客户带来效益、想为社区服务，想回归家庭。不知何故，她没有想到合适的方式实现自己的梦想。

我曾与人分享，在遇到人生的转折点时，我放弃了婚姻和家庭。他们听后感到十分意外。以家庭至上的人通常难以平衡对伴侣、孩子、年迈父母和其他人的关切。我能理解他们的想法，因为我有3个孩子，并且我和我的丈夫马丁结婚已经25年了，他至今仍是我一生的伴侣和最好的朋友。"那你又怎么会牺牲婚姻和家庭？"

我有时会想，如果我真的付出了婚姻和家庭的代价，现在的一切是否会发生改变？如果别无选择，我会做出这样的决定，这意味着我会离开我的丈夫。虽然我没有真的那样做（至少目前还没有），但放下对婚姻的执着，让我在每一个过渡期都会重新思考这段关系。我发现，自己在平日里会沉浸于对彼此和家庭琐事的关注，这可能不利于我开启人生的下一段旅程，甚至还会成为阻碍。在过渡期，我们放下了家庭关系、资金储备、买房选址和其它曾经看重的因素，重新思考我们的生活，调整事件的优先级适应过渡期变化的环境，这样就不会困于这些因素的限制。我对丈夫说："我在写一本书，有些事情无法兼顾，我需要你的帮助。我们看看怎么分配。"而他也可以对我说："我正在筹备一部电影，我需要独立的空间和时间全身心投入工作。"我们都知道，在一段有限的时间内可以重新排列这些事情的先后顺序，工作开始后，我们就不必重新协商，可以有意识地随时为对方留出空间。

对于组织来说也是如此。如果能通过调整优先级来调配资源，同时又不会让员工产生威胁感，那么就更有可能培养出充满活力的团队。如果每一次转变都会让员工对自己的身份和自己在团队中的定位产生动摇，那么我们就会在无形中制造了"问题时刻"，员工可能因此不愿敞开心扉，甚至产生"战斗—逃跑—僵住"反应。明确来说，就是要在边缘学习空间受到影响前，减少干扰，为自己创造一个开放、真诚的探究环境。这样一来，我们就可以快速开始实践、调动积极复原力、收集资源来面对前方的不确定事件。

这种预先准备和公开透明的方式能提供一种安全感和交互感，激发我们在周围环境中的创新和创造潜能，也可以为分享意见提供空间，明确我们在哪些领域会将变化视为威胁，最终通过感知和调整优先级帮助我们逃离恐惧循环，在实践中冷静地看待好奇心。

当零散的事物摆在面前，我们倾向于将其整理、归类后再按模块分析探索。这些可以怎样用在工作中？怎样用在生活中？怎用在社区中？分类之后，我们会将这些事物进行排序，试着在4到5个不同的领域中找到平衡，每一个领域都需要我们投入100%的注意，这样一来，我们就需要投入500%的注意力，也难怪我们时常感到疲惫不已、迷茫困顿了。

正因为如此，我才建议你一次性整理所有想法。你可以把这个过程想象成穿越荒野或者爬到树梢或山顶，这样就能在新的环境中纵观全局。接下来，我们可以试着将跨领域的想法结合起来。请不要急着做出决定，你可以通过感知实践思考不同方法。

我们再回到拼图的例子，现在你已经知道该怎么做了：把看似有关联的拼图放在一起。如果它们能够相互契合，再继续寻找更多碎片；如果无法契合，就再次尝试其他碎片或其他区域。在做出决定之前尝试不同可能，也许会带来意料之外的问题和机会，也能让我们调整自己的价值观和优先级，培养跨领域探究思维，应对自己的"问题时刻"。这可能需要你暂时（不是永久）搁置一些事情，把注意力放在其他事情上，进行多维度的深度分析，而不是站在原地，等待问题找上你再被迫开始行动。

与他人协作会有更好的效果，但你也可以独自完成。在我的研究中，与小组、团队和伙伴合作完成练习的参与者，往往会发现自己从未想过的角度，因为他们默认那些想法根本不可能实现。而旁观者往往能提出新的问题，为他们开启下一次实践提供思路。

本章启示

◆ 收集专业和个人领域的点子、想法和信息，可以帮助我们更全面地理解生活。

◆ 思考我们在转型期的全部可能，也许会有意外之喜，但这需要时间、专注和实践。

◆ 试着放下我们掌握的全部信息，为选择前进道路创造空间。

写给开始"探索"的你们。

开始探索前，请回顾我们之前学习过的内容，这对接下来的步骤很有帮助。你已经暂停了旅程，对"问题时刻"有了更好的了解，知道自己在干扰和混乱出现时会产生不同反应，也许你会情绪激动，也许会犹豫迷茫、不知所措。你也认识到，自己在不同领域和模块中具备不同程度的复原力，尽管评估复原力的过程让你感到头疼，但是请你明白，这个过程会帮助你全面地认识自己，对自己的优势与不足有更加深刻而敏锐的认识。请将探索当作一段收集资源的旅程，在这过程中，请关注那些影响自己、家人、朋友和团队的变量，包括情感、身体、物质、社会和其他与周围环境有关的一切。

希望在你思考自己与变化和过渡关系的同时，能找到有助于解读变化的隐喻。这些隐喻是否有对你帮助？是否还需要改变和调整？在全面感知自我的过程中，你已经明确了自己是谁、在哪里，以及如果你能平静地看待好奇，愿意尝试那些看似行不通的方法，你又会成为什么样的人。

如果你一口气读到了这里，可能会更重视思考，而没有付诸行动。放轻松，这没什么大不了！

学习是一个过程。本书并不旨在帮助你解决具体问题，而是指导你将不确定事件和变化当作一种学习，接受未知带来的一切可能。在过去几章中，我们梳理了一些重要问题，比如我们在哪里、需要什么，这也引出了另一个问题：如何将新的想法或者新的问题转化为实际行动？深入"探索"就是一个答案。

但这在实践中意味着什么？请你在这一节中思考自己收集到的问题，试着为它们找到适合实际情况的答案。

继续前进吧，探索的人们！

第八章　在实践中学习

我认识珍妮时，她已经准备好做出改变了。珍妮是一名教育工作者，是心怀抱负的设计师，也是一位单亲妈妈，她有一个还未成年的女儿。珍妮对自己的小家庭有美好期望，为此，她已经有所行动。她的计划并不清晰，其中有些地方还存在很高的风险。那年，我组织了一些研究项目，发现珍妮很适合成为我的研究小组成员。珍妮有时独自工作，有时与一群思维模式相似但有不同个人特色的女性一起工作，她追求全面的自我意识，投入感知和反思，发现了很多切实的想法和有趣、新鲜的可能。珍妮下定决心想要离开芝加哥，她首先要做的就是将自己的教育经验、对设计的热爱和对社会的责任结合起来，在这之中找到平衡。她的女儿也赞同她的想法，她们都渴望生活在一个充满活力、具有文化气息的社区中。

但是，珍妮的每一个想法都需要她做出重大改变。如果她找到一份需要出差但并不忙碌的工作会怎样？如果那里的学校不适合女儿会怎么样？为了追求自己的梦想，带着女儿背井离乡，是不是不负责任？如果独自离开呢？这些问题左右着珍妮的行动，让她清楚地认识到自己根本没有思路框架作为参考，她也不想遵循任何指引。珍妮是天生的教育者和设计师，她知道自己想过什么样的生活，也知道该为此具备哪些技能。但是这些想法没那么容易变成现实。珍妮和女儿住在芝加哥的公寓，她们渴望着搬去东海岸，理想与现实之间存在巨大的差距。尽管还没做出坚定的选择，但她已经跃跃欲试，想要结束理论探究，在实践中寻找这些问题的答案。

认识世界的方法多种多样

无论是开展理论研究的科学家，还是在实践中理解生活的我们都懂得这个道理。作为研究者，我喜欢与面对困境的人们一起寻找解决方案，在摸索中进步。因此，无论是做研究还是日常生活，我都推崇参与式行动研究。参与式行动研究的核心要义在于，研究者要参与到实际解决问题的过程中，帮助人们进一步认识到自我意识、下意识、生活与社会之间的相互关系（谢瓦利埃和巴科尔，2013）。这种研究方法拉近了研究者与研究对象之间的距离，开展行动研究能够让我亲身参与到领导者、团队和个人解决问题的过程中，让我获得即时的、符合当时情景的信息。参与式行动研究也有不同方式，但都会以群体为基础。研究者会帮助研究对象明确自己目前面临的困难与挑战，结合其文化背景和工作环境探索新的可能。我相信，这种方式能让我们找到这些重要问题的答案，所有人都能从中有所收获。

我需要申明一下：我按照导航专家们区分"心智游移"与"导航"的方式，在谈论行动中的学习时，将"尝试"与"试验"进行了区分。当然，"心智游移"和"尝试"都是有效的方法。所有形式的探索都有益于总结思想、激发创造，最终让我们进入深度学习状态。但请注意，**不是所有的荒野都适合漫步，我们仍然需要遵循有条理的方法应对过渡期。**

> *In the same way that not all wilderness journeys lend themselves to wandering, some transitions require a more structured approach to exploration.*

当资源短缺、时间有限、风险较高时，我们就会在过渡期停滞不前。过往的经验告诉我，盲目尝试往往会让处于过渡期的人们更加不知所措。所以我想请你记住，虽然所有的试验都需要探索，但并非所有的探索过程都可以称之为试验，这一点非常重要。

我们可以通过对比安德莉亚和珍妮的例子来说明这一点。安德莉亚决定离开纽约，换一个地方思考自己今后的目标，开启了漫无目的的漫游之旅。她愿意投入时间和其他资源用于探索健全的自我意识，借助一些问题重塑自我，同时也为自己留出了休息和思考的时间。安德莉亚最近搬到了斯德哥尔摩，在未来的几个月里，她将秉持这种精神，慢慢将关注点从探索转移到实践。而珍妮则认为，这样做对她来说太不现实了。

这两个案例故事都在呼吁公司领导应该有所行动。越来越多的人才开始追求新的工作和生活方式，这时，他们尤其希望与领导一起创造对双方都有益利的解决方案。这些在实践中学习的案例背后蕴含着一个值得关注的机遇：为珍妮、安德莉亚这些睿智、有野心、目标导向的员工创造探索和试验的空间，帮助他们确定自己的职业和人生方向是未来的趋势。教师可以把这种理念带入课堂，卫生部门也可以和股东一起讨论解决方案。为员工创造学习空间，让他们能够在工作的同时探索新的可能，这听起来似乎有些冒险，但阿什利的例子说明，这样做也会产生积极良好的效果。但是很可惜，不是所有公司都会为员工创造这样的机会，也很少有员工会为自己争取。

因此，当我们思考探索的意义时，需要认识到，学习内容决定学习方法。学习建造房屋的最好方法不是读书，而是与建筑工人一起工作，学习经验；如果要学习精神疗法或外科，还需要在实操前学习基础的人体和人脑知识。这就是为什么，我们在实践学习之前，先要明确自己要学什么以及怎样去学习，而不是简单地选择最新的网络课程，或者靠4000万条搜索结果就能找到正确的方法。

那么，该从哪里开始呢？

试验设计画布

我在通信领域工作了17年，后来才转型到教育和研究领域。研究始终是我教育工作的一部分，但研究主要围绕收集信息。团队需要这些信息去完成任务或实现特定的目标。当然，我在学校里接触过科学方法，但直到我在40多岁决定去读研究生后，才知道什么是学术研究。这让我大开眼界！我非常重视理论学习，还在研究领域发表过学术论文。但我仍然不忘关注探究与实践的结合。我后来发现，在这个信息饱和、日新月异的世界，每个人都应成为自己领域内的感知者和研究者。

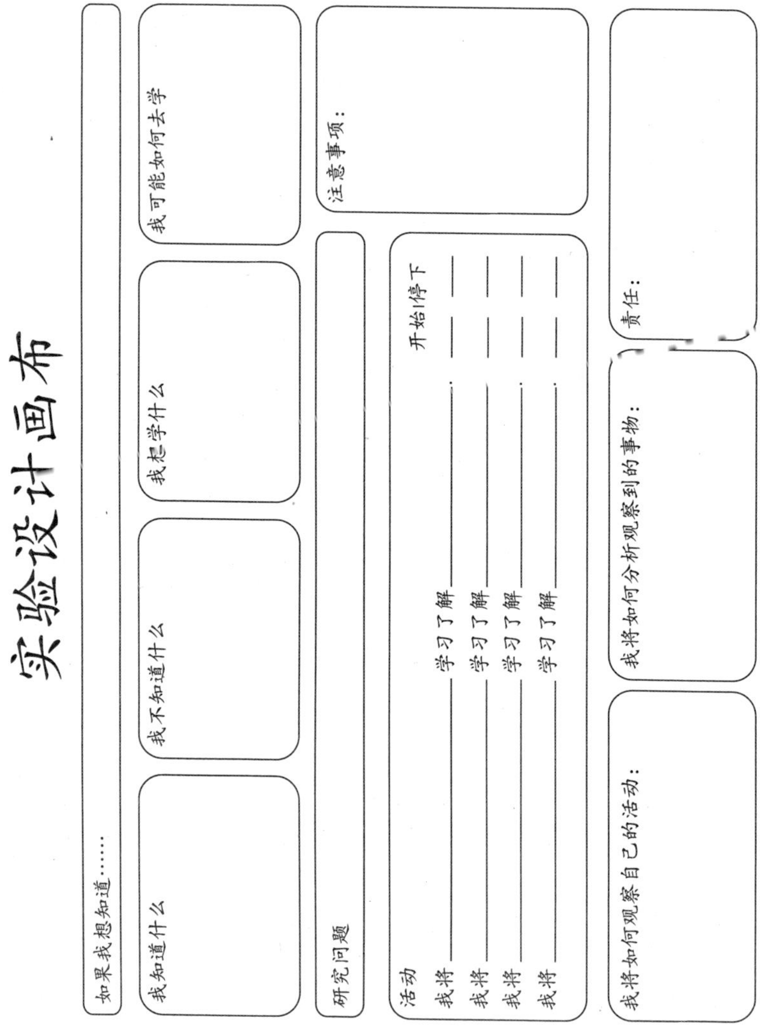
实验设计画布
如果我想知道……
我知道什么
我不知道什么
我想学什么
我可能如何去学
研究问题
注意事项：
活动
开始|停下
我将____学习了解____
我将____学习了解____
我将____学习了解____
我将____学习了解____
我将如何观察自己的活动：
我将如何分析观察到的事物：
责任：

图8.1 实验设计画布

然而，过去的教育体系并没有让我们学会应对现在的新局面，我们甚至不会关注新技能的培养。只会把领导、网红和亲人朋友的意见当作最佳方法。因此，我制作了这张试验设计画布（图8.1），可以让大家在工作和家中思考自己的试验设计。你可以借助这个简单的模型来思考试验框架，通过限时试验来寻找答案。

试验画布背后有科学的理论支持，可以帮助你通过试验探索前进道路，保证结果的准确度。但请注意，它不能保证为你找到既快速又简单的办法。和复原力转盘、希望指南针、感知空间一样，试验画布也只是帮助你通过实践来学习的一个工具。我们可以根据自己在感知空间得到的可能方法开展试验，再根据结果做出最终决定，这就是有效的积极等待。试验不需要考虑环境，也不用长期坚持做出的决定，只是一种限时的探究方法。许多人都认为这种方法很自由，但也有人觉得过于结构化，也不够直观。你不妨尝试一下，如果这个方法不适合你，那就再换一种。你也可以为自己设计一款探索工具，或者联系我，我们一起完成设计！设计的目的并不在于创建一个庞大的试验设计用户群，而是希望更多的人可以意识到，我们面前没有划定的道路，只有无限的可能。因此，识别、创造、感知，加上寻路工具都是现代生活中的基本技能。判断一个工具是否适合自己，最好的办法就是在实践中使用它。让我们用一个例子来说明。图8.2中有一个简单常见的问题：如何在团队中建立信任？

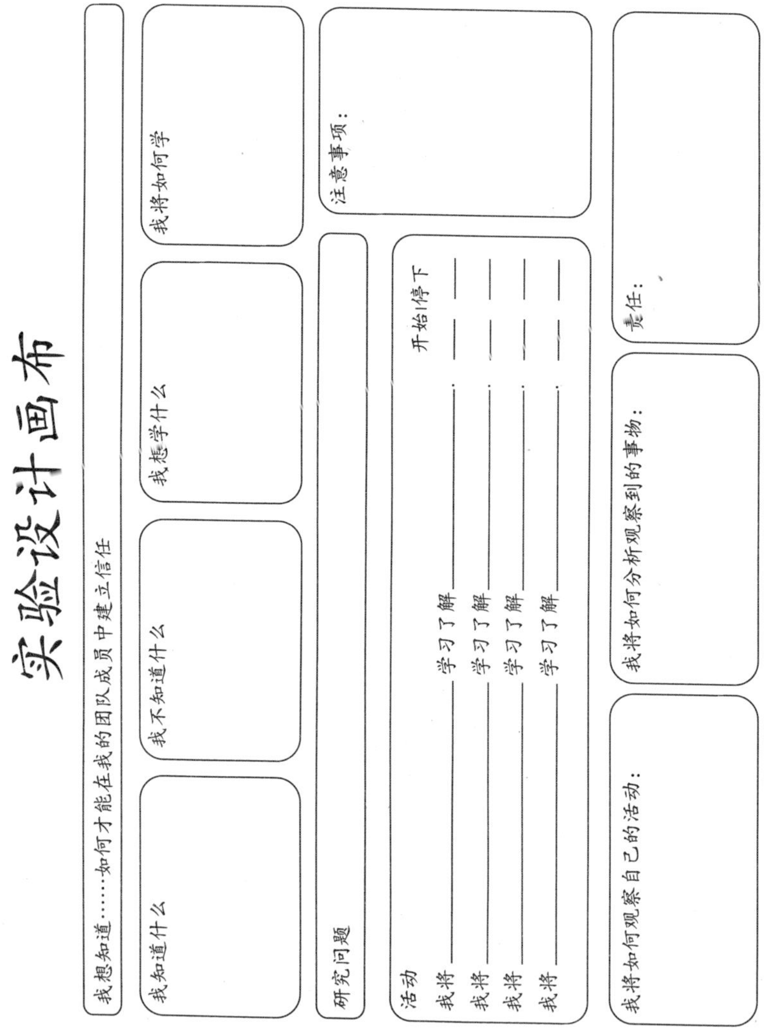

图8.2 我想知道……

实验设计画布

我想知道……如何才能在我的团队成员中建立信任

我知道什么

我不知道什么

我想学什么

我将如何学

研究问题

活动
我将 ——— 学习了解 ——— 开始停下
我将 ——— 学习了解 ——— ———
我将 ——— 学习了解 ——— ———
我将 ——— 学习了解 ——— ———

我将如何观察自己的活动：

我将如何分析观察到的事物：

注意事项：

责任：

130

我想知道

一般来说，以"我想知道"开头的问题，都是宏观而长远的问题，需要我们深入思考，答案绝对不是"是"或"不是"那样简单。"我想知道如果我继续做这份工作，我会成为谁"，这个问题旨在询问我们是谁；"我想知道我是否应该在西班牙生活"，这个问题旨在询问我们想去哪里，或者希望过什么样的生活。这些问题也引发了一些子问题：什么是有意义的生活？你的梦想是什么？你容易陷入疲惫吗？你做人生中的重大决定需要多久？回答"我想知道"这类问题需要深入思考，探究问题背后的问题。一旦答案让我们觉得难以实现，就会引发激动情绪，然后自动将疑问语气变成陈述语气，例如，我们听到"我想知道如何才能过有意义的人生？"后，就会理解为"我的人生永远不会有意义"或者"我知道我的人生会很有意义"，这个过程往往与我们的实际情况没有关系。通过这种默认的转换，我们会更容易从好奇自然地转变进入探究过程，理解自己已知的、未知的信息和继续前进的方法。

在试验设计画布中，"我想知道"的下面有四处空白，你可以在这里写下自己的反思对象、反思内容和可能解决的办法，包括读书、听课、观察、社交、田径运动等方法，也可以在低风险环境中通过实践来尝试。请尽可能全面地考虑，因为这些发现将会帮助你明确专门的研究问题，进而指导你的试验。图8.3展示了学习者的已知情况、未知情况，以及他们接下来想要了解的情况。

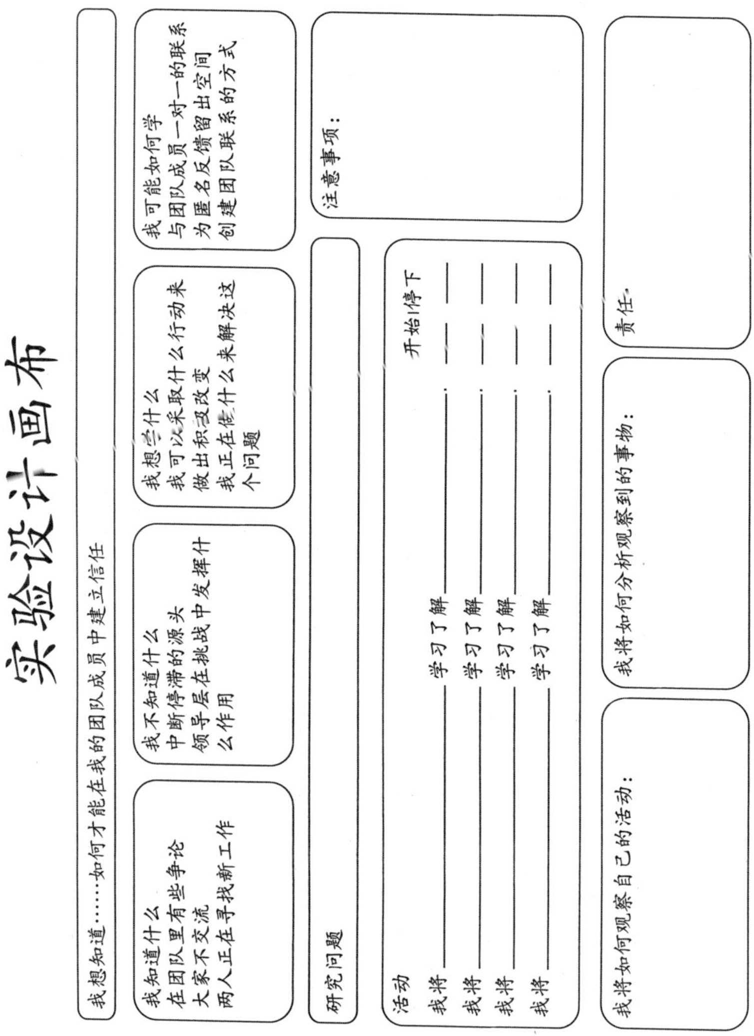

实验设计画布

我想知道……如何才能在我的团队成员中建立信任

我想知道什么
在团队里有些争论
大家不交流
两人正在寻找新工作

我不知道什么
中断停滞的源头
领导层在挑战中发挥什么作用

我想尝试什么
我可以采取什么行动来做出积极改变
我正在尝试解决什么一个问题

我可能如何学
与团队成员一对一的联系
为匿名反馈留出空间
创建团队联系的方式

研究问题

活动

开始停下

我将_____学习了解

我将_____学习了解

我将_____学习了解

我将_____学习了解

注意事项：

责任：

我将如何观察自己的活动：

我将如何分析观察到的事物：

图8.3 我知道什么/我不知道什么

132

图8.3中，在"我想学什么"和"我该如何学"这部分，至少有3个简单的研究问题。在我们先前的例子中，他们可以选择通过与团队成员进行一对一交流，留出匿名反馈空间，也可以观察团队内部关系。我们将通过第三个限时活动达到目的（图8.4）。在限定的时间内创建试验非常重要，有限的时间可以让我们专注于采取实际行动。

开始试验之前，请你思考自己会如何记录学习的历程，这将有助于你理解这段经历，为之后的行动提供指引。日记、语音留言、笔记、照片、电子邮件都可以帮助你记录信息。所有代表你日常生活节奏和为你带来灵感、想法和想象的事件都可以算在内，包括你与伴侣和朋友的交流。你也可以提前思考观察的方式，这可以帮你更好地捕捉、理解这些事件。在图8.5的例子中，学习者引入同伴观察员作为第二视角，让试验设计也成为了观察的一环，使观察过程更加客观。

实验设计画布

我想知道……如何才能在我的团队成员中建立信任

我知道什么
在团队里有些争论
大家不交流
两人正在寻找新工作

我不知道什么
中断停滞的源头
领导层在挑战中发挥什么作用

我想学什么
我可以采取什么行动来做出积极改变
我正在做什么来解决这个问题

我可能如何学
与团队成员一对一的联系
为匿名反馈留出空间
创建团队联系的方式

注意事项：

研究问题：我如何以建立信任的方式观察团队关系？

活动
我将主持一次严谨的乐高游戏课程，在行动中了解团队动力。
我将创建每周读心聚会，去了解大家的期望。
我将_____ 学习了解
我将_____ 学习了解

开始/停下
10/1　10/1
10/15　11/15
_____
_____

责任：

我将如何观察自己的活动：

我将如何分析观察到的事物：

图8.4 研究问题和活动

134

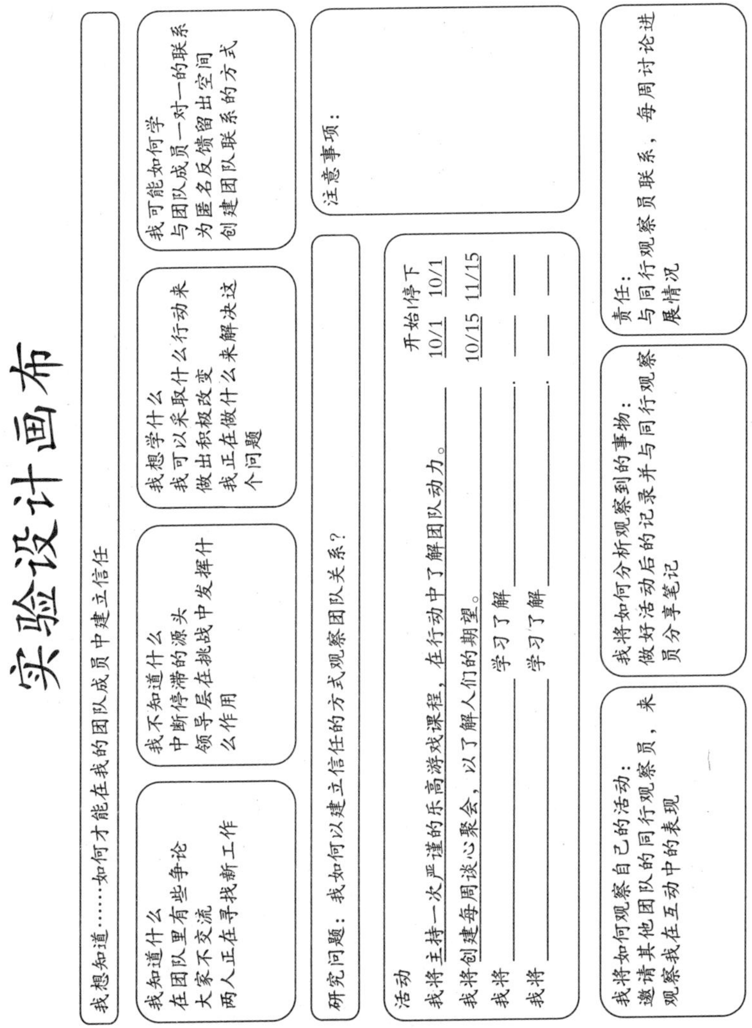

实验设计画布

我想知道……如何才能在我的团队成员中建立信任

我知道什么
在团队里有些争论
大家不交流
两个人正在寻找新工作

我不知道什么
中断停滞的源头
领导层在挑战中发挥什么作用

我想学什么
我可以采取什么行动来
做出积极改变
我正在做什么来解决这
个问题

我可能如何学
与团队成员一对一的联系
为匿名反馈留出空间
创建团队联系的方式

注意事项：

研究问题：我如何以建立信任的方式观察团队关系？

活动
我将主持一次严谨的乐高游戏课程，在行动中了解团队动力。
我将创建每周读心聚会，以了解人们的期望。_____ 学习了解
我将 _____ 学习了解
我将 _____

我将如何观察自己的活动：
邀请其他团队的同行观察员，
观察我在互动中的表现

我将如何分析观察到的事物：
做好活动后的记录并与同行观察
员分享笔记

开始 停下
10/1 10/1
10/15 11/15
—— ——
—— ——

责任：
与同行观察员联系，每周讨论进
展情况

图8.5 观察和责任

135

我们需要意识到：向某个方向迈出一小步并不代表选择这个方向。我们从小就被教导：做好决定再行动，并且最好是正确的决定，所以，试验的方法似乎与惯常的做法相左。然而，通过行动来试验多种可能性，可以让我们以实践为依据解答问题，而不是依据理论和猜想。举个例子，我们可以把"我不喜欢编程"这种想法转变为"我喜欢编程吗？也许我可以试着每天学习45分钟，看看两个月后能学会多少，到那时再感受一下我对编程的态度"。迈出了第一步，我们就能对不熟悉的领域有进一步了解，面前也会出现更多可能的选择。

这种方法来自专业的户外专家，他们在迷路时通常会用这种方法找到自己的方向。首先，他们会堆起石头，在发现自己迷路的地方做出标记，确定起始位置。然后，他们会将绳子或其它物品的一端绑在树干或灌木丛上，自己拿着另一端选择一个方向前进，走的距离越远越好。接着，这些专家们会在更远的地方重复这些步骤，直到看不见绳子标记。他们会不断重复尝试，直到找到方向；如果经过这些步骤后还是没有找到方向，他们就会回到石头堆，换几个方向再次尝试（这也是户外专家们随身携带绳子的原因）。在找到方向前，他们会不断地前进、后退，最后可能会绕出一个类似自行车轮的形状，石头堆成了"花鼓"，绳子成了"辐条"。

户外专家的寻路过程通常会产生三种可能的结果：一、

他们找到了前进的道路；二、他们对更大范围内的情况有了更好地了解，可以根据这些信息规划下一步计划；三、他们做出的巨大标记足以让同伴或搜救人员注意到他们，便于实施救援。

当我们发现自己在职业和个人生活中陷入僵局或过渡期时，就可以借鉴户外专家的办法。这种方法能让我们放开手脚，专注探索，不用考虑"哪里才是正确的方向"。

卸下抉择的负担后，我们就可以在决定前就迈出试探的步伐，开启积极地探索和识别。这样一来，即便我们没有找到明确的前进道路，也能对自己、当前的环境和曾经做出的选择有进一步了解。在这过程中，我们仍然可以培养新的技能，努力赚钱，认真生活。我们在做出最终决定前，都可以在边缘学习空间的庇护下开展试验、积极等待。我们会认识新的朋友、总结新的经验，运气好的话，还有可能遇到全新的（曾经不敢追求的）机会，而如果我们停在原地，或者在毫无试验、毫无资源准备的情况下做出了选择，这些就都不会出现。

无论是将不确定的过渡期视为亟待解决的问题，还是在资源不足的情况下走入未知的道路，语言都会成为其中重要的影响因素。大多数人会把英语中"弄清楚"（figure it out）这个短语理解成"解决"。这个短语最初来自数学，指已经找到了问题的解法，结果可能是对的，也可能是错的。而应对不确

137

定的过渡期很少有对错之分，因此用这个表达形容对未知领域的探索可能没有任何帮助。因此，我更喜欢用另一个短语"搞明白"（suss it out）来形容在我们所处的情境。很多人会认为这两种表达互为同义词，但是后者其实含有更多"探索"的成分。试验，就是抑制冲动，弄清情况，以探索为目的开展探究的过程。我们要做的不是在最短时间内寻求最佳解决方案，而是留出时间，抛出重要问题，寻求意料之外的可能，即"suss it out"。

实践中的试验

对珍妮而言，她知道自己不想继续待在芝加哥了，她有了新的追求，波士顿在召唤她，尽管她还没在那里生活过。她依然想换一份工作，并且坚信在东海岸还有新的机会在等待着她。但珍妮也知道，个人责任和承诺让她难以做出大的改变，她必须顾及自己的女儿、教育工作、朋友和薪资待遇。这些问题就像难以跨越的高墙，将她困在了这里。再次讨论后，我建议珍妮先进行类似的尝试，看看在实践中能得到什么经验。

自那以后，珍妮带女儿去了两次波士顿，她们住在了理想居所的旁边，体会新社区的氛围。她们参观了当地的学校，联系了学校的管理人员，还让女儿在学校里试听了一天，看看她是否喜欢那里。珍妮参加了当地活动，结交了一些新朋友。在新的环境生活几天，这听起来没什么特别之处。但重点不在于她做了什么，而是她做这件事的方式。珍妮没有贸然行动，她设计了一个小试验：在限定的时间内通过实践找到某个问题的答案，指引下一步的抉择。

在珍妮决定搬去波士顿前，她决心在那里先树立好个人形象，以便之后寻找工作，而不是坐在家里思考自己能不能在那里找到工作。对女儿来说，在波士顿生活两周可能会得到她们想要的答案，但她还需要了解更多，比如：女儿觉得学校怎么样？我觉得这里的社会环境如何？在这里约会是什么感觉？珍妮还需要做的更多。尽管知道自己只在镇上待两周，珍妮也参加了社区活动，还参加了几次约会，还为女儿安排了体验学校的时间。她希望通过这些活动来了解那里的生活，而不是仅靠推测。这些亲身体验让珍妮和女儿可以相互探讨，决定是否可以在波士顿生活下去。两次旅行、全新的身份和工作，行动为珍妮带来了更好的参考。坐在原地的讨论分析会为我们带来对未知的恐惧，而积极行动才是实现转变的核心。

当然，故事并没有就此结束。珍妮和女儿在波士顿住了几个月，她又遇到了新的机会。珍妮刚刚经历过重大转变，可以轻松面对这样的"问题时刻"了。珍妮和女儿已经知道该如何判断新的机遇可能带来的结果，也知道该怎么形容这种变化。现在，她们生活在太平洋西北地区，珍妮还在攻读博士课程，她很满意自己做出的转变。

无论是搬去波士顿，还是攻读博士学位，都无法直接为珍妮带来工作机会，而是可以让她开展探索、收集额外信息。这种思维模式，让珍妮将对未知领域的探索转变成了一次探险，她至今仍在坚持。最近，我又联系了她，询问她又做出了什么样的选择，她告诉我，她能比别人更好地认清自己的处境和喜好。现在，她正在专心学习，下一步就会继续探索毕业带来的新的"问题时刻"。

本章启示

◆ 低风险的限时试验可以让我们冷静对待好奇，将好奇转变成实际行动，有助于进一步理解自己的选择，做出更明智的决策。

◆ 通过实际行动，可以明确和测试多种可行的前进道路，行动比猜测更有帮助。

◆ 别急着解决问题，不如先给自己留出探索的空间，减少做出选择的压力，等待新的机遇和想法出现。

第九章　从探索到执行

你可能心生疑问，因为我曾在第三章说过不要转折，但那时是为了给积极等待和询问探索创造空间。只有这样，才能不再纠结于"我们在哪"和"我们想去哪"这种未有答案的问题。我是认真的。当我们面对"问题时刻"，或者即将进入未知领域时，转变的隐喻可以让我们克制对新领域的好奇，结合自己的需求、愿望、价值观和背景明确可行的道路。然而，有些人就是天生的探险者，野心和现实终究会让他们离开庇护的港湾，再次踏上追寻目标的旅程。

其实，大多数人都会花时间让自己、团队和组织去反复实践探索。即便如此，在"问题时刻"来临时，我们同样会放缓脚步，进入开放的、反常识的探究状态，但这时的困难在于如何从边缘空间回到现实，将探索的结果转化成实际的计划和决定。

很多人会半途而废，这并不让人意外。艺术家、音乐人和其他依靠灵感工作的人都认为，他们在无拘无束的空间内状态最好。边缘空间让他们得以试验新的工作方法和模式，快速提高创造力——这是创造艺术品的最佳时机。但是，一旦他们回到现实，面对自己不擅长的领域，这种创造力就难以发挥作用。

维瑞特和瓦内萨·嫚格则是例外。维瑞特是一名音乐艺术家、企业家和技术创新专员，瓦内萨·嫚格是她的经理和商业伙伴。哦对了，我必须说明，虽然维瑞特是我的女儿，但这绝不是我在本书中以她和瓦内萨为案例故事的原因。在过去的七年里，两人一起创作、发行、传播着他们的音乐唱片，试着重新定义音乐的传统发展路径。他们获得了天使投资，通过播客和基于区块链的试验结识了一群卓越的音乐制作人，维瑞特和瓦内萨掌握了从探索到执行的要义，已经探索出了一条音乐行业的新发展路径。

"这个项目的灵感来自一个'问题时刻'，"维瑞特刚刚结束一场谈判，对方是一家主流唱片公司，不过在最后关头还是没能成功签约，她告诉我："我们当时没有想到自立门户，但是已经知道需要什么样的资源来制作高质量唱片。"维瑞特转变了思路，从问自己"怎样才能与一家唱片公司签约？"变成"怎样才能筹备资金，制作一张高质量的专辑？""那时，我的

142

身份便发生了转变，从音乐人变成了创意企业家。自那以后，我们就开始了持续的试验和转变。"

我们把寻找前进道路的过程比作旅程，为自己创造了探索未知领域的庇护所，但随着前进的压力不断增加，这仍然是一个困难的过程。"问题时刻"带来了干扰和混乱，我们需要在这段旅途中停下来进行询问，探索新的选择。但是从边缘空间回到现实，是否是"问题时刻"在呼吁我们从探索转向执行呢？

第三章说明了为何"转折"这个隐喻可能对处理"问题时刻"没有帮助，我们要做的应该是分析现状、质疑惯常做法，在过渡期学习。但是，要学习到什么程度呢？怎样才能克制发散思维？也就是在探索可能的解决方案、建立新的联系时，如何克制自己下意识地通过收敛思维，选择某些观点呢？（拉祖尼科瓦，2013）

在设计和其他领域中，有许多模型都讨论了发散性思维和收敛性思维的重要性，但很少有模型提到如何实现这两种思维模式的相互转化。我们应该在什么时刻停止学习，回到现实解决问题？什么样的情况才可以算作"问题时刻"？何时该从"寻路"转向"造路"呢？

如果你读到这里，还没有写下任何笔记，那么我可以告诉你，这就是一本关于探索、试验和学习的书。而这些都是在过渡期工作和生活的关键环节。为感知"问题时刻"创建空间，是度过过渡期首要环节，但有时，我们也会冒着迷失的风险，走上自己渴望或必须走上的道路。那么，如何走出"大本营"，开启"登顶之旅"呢？换句话说，如何在不知道前方会发生什么的情况下，将可能的办法转化成具体的行动？

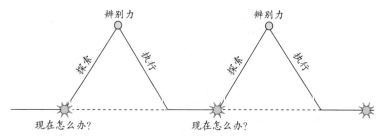

图9.1 辨别力的思维框架

图9.1展示了探索与执行的循环过程。现在，你应该明白"问题时刻"是如何推动询问和执行过程的了。收集信息、理解、分析、判断，这些步骤既是科学也是艺术。这是一门科学，因为询问和探索会带来明确的答案和坚定的选择，就像在野外迷路时，我们会爬到高处观察周围的情况；这也是一门艺术，因为有时我们需要尝试不同的事物，从中学习，想要探索未曾明确的方向。这是另一种"问题时刻"，由此引发的探究将会推动分散思维转化为收敛思维。

所有的"问题时刻"都会让我们开启探索，而分析单个"问题时刻"还能在不同方向为我们提供指引。停下、询问、探索不仅可以帮助我们创造边缘学习空间，也可以用来帮助我们回到现实，投入行动。这只是一种方法，不需要按部就班。它让我们学会在干扰之下持续学习、辨析，选择新的前进方向，同时不断审视这些方向是否符合自己的志向、价值观和信仰。

在理想状态下，我们希望能走上一条阳光普照、宽阔平坦的道路。有时的确可以，我们会找到理想的工作，拥有光明的前景。但现实是，探究"问题时刻"的过程本身也是一种探究。艾琳·雷希的故事就是一个例子。

"感谢您的接听！"

艾琳·雷希是一位精力充沛的通讯主管，我曾与她共事数月。她急于换工作，而目前有两个心仪的岗位在等她选择。艾琳需要在当天下午做出决定，回复两家公司，但她陷入了迟疑。她对我说："这两个岗位的薪酬和头衔都一样，在同一个城市，发展前景都很不错。"她还说了几个我们判断一份工作待遇的常见因素，结果是：这两份工作没有什么差别。我联系她之前，她甚至希望通过扔硬币来帮自己做出决定。

过去的几个月里，艾琳已经冷静下来，通过探究和试验摸索着自己的前进道路。她决定辞去现在的工作，找一份能让她专注于图书项目的工作，这是她热爱的事情。更换工作对收集信息、转变职业和个人规划也有帮助。即便没有我的参与，艾琳也完全有能力独自做出决定，但是她需要适应这种探究过程，以面对人生中的无数转变。因此，艾琳并没有向我寻求建议，而是希望我能为她推荐一些评估积极复原力的方法，帮助她分析这两份看似没有区别的工作。她已经完成了寻路，接下来需要为自己开辟道路了。

探究和试验结束后，我们需要分析前面的过程，将这个步骤再次应用于探究选定的道路。可能是一条现有的道路，就像艾琳一样，只需要做一次选择；也可能要从头开始。无论你做何选择，带着自己收集的信息，结束对"问题时刻"的探索都是必经之路。因此，停下、询问、探索会带领我们进入未知领域，而学习、辨别、选择、确认将指引我们走出困境（图9.2）

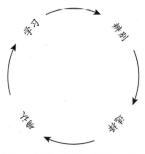

图9.2 学习、辨别、选择、确认

学习

在探索与执行前，我们已经了解了自己的喜好和价值倾向。虽然我们还没有确切的目的地，但我们清楚自己是谁，以及希望去向何方。带着这样的思考，我们开始了探索，这很好，但是我们真的学会了所有内容吗？开始这段旅程前，我们需要停下来，结束时依然需要。如果没有这样的停顿，我们很可能会把事情看得过于简单，也许静修活动的几周后，你面对同样的问题时，还会感到惊慌失措。我们现在要回到开始的地方。现在，请准备好白板、便利贴，思考我们在"问题时刻"前和面对"问题时刻"途中做的标记，回忆当时自己是谁、想要去往什么方向。回到那个标志你进入边缘空间的X标记，然后对比现在所处的位置和开始的位置，这样就能确定我们学到了什么，我们身上发生了什么改变，以及对于方向的感知。

◎请思考下述问题

到目前为止，你从探索中收获了什么？出现了哪些新问题？

在你从探索到实践的过程中，哪些事物会成为你的阻力？

在你学到的东西中，哪些让你感到激动兴奋？

什么让你感到害怕或沮丧？

辨别

现在，请结合我们所学的知识，回头看看可能性那一章（第七章），看看它们是否可以相互契合。那些想法仍然独立存在吗？移除的想法是否发生了改变？想法的优先级是否改变？在继续行动前，是否还有新的问题需要解决？或者是否出现了更好的前进道路？这些问题的答案可以让我们反思目前收集到的信息和观点是否有助于感知前方不确定的道路（就像未完成的拼图），做出下一步的决定。收集不同领域的想法和见解，全面探索不同变量相互联系的方式。

选择

在某些情况下，二选一比多选一要容易得多。然而，就像艾琳一样，不会出现明确的选项供你选择。有很多方法可以打破僵局，比如抛硬币和石头剪刀布。但这些都是猜测，如果你肯下功夫，深入探索不同的选项，答案自然会浮出水面。你可以借助多种资源做出选择，前几章的大多工具都有这种功能。

艾琳在分析新工作的不同时，提到了几个典型的判断标准：薪资、知名度、福利。我请她再思考一下其他角度，这些角度来自我和同事对消费者喜悦度进行研究后总结出的结果（帕拉苏·拉曼等，2020）。这个研究设计帮助艾琳打破了僵局，让她通过六个不那么常见的角度看到了两个职位之间的明显区别，这些角度都以快乐为导向。

◎练习：

通过跨领域的思想和信息感知，我们可以明确自己需要什么、想要什么，以及重视什么。以下六点都是驱动快乐的要素，它们可以独立驱动，也可以组合起来共同驱动。这是为快乐而设计的模块练习，其中包括快乐变量，以及现实中的金钱、声誉和幸福。这个练习也可以帮助你在某个领域找到其中的快乐驱动力。

1.情感 让人感到快乐的事物往往会左右我们的判断，所以我们常常将情绪作为指引工具，但情绪来得快，去得也快，很容易受到不确定事件的影响。在瞬息万变的时代，我们可以听从一些积极情绪的指引，例如满足、感激、喜悦与平静，这些情绪比快乐更加持久。同时，也请观察你的选择对情绪的影响。

2.交际 无论是工作还是生活中，与人和群体社交都是快乐的重要来源。我们与谁一起工作，工作如何影响我们在工作之外的人际关系，都可以成为帮助我们分析可能性和未来选择的依据。

3.完成任务 完成任务与目标设定有关。我们想为自己和他人解决什么问题？我们渴望得到什么？实现理想让人心生愉悦，选择有意义道路也对个人幸福和发展至关重要。这时你可以回去看看自己的希望指南。

4.美和环境 美和环境指的是我们周围的环境，是办公室的环境，也可以是家庭环境。环境要有有美感。周围的环境会影响我们的灵感启发。环境在你的需求清单上处于什么位置？在不利的环境中生活或工作是否会限制你的灵感？这些问题可以帮助我们分析不同的选择。

5.时间 时间、需求和期待都会左右我们的情绪。如果你希望事情有快速进展，而他人却进展缓慢，或者你想循序渐进，而其他人却总是催促，无论哪种情况都会让你忧虑困扰。这份工作的时间、节奏是否与你的期望一致？是否可以灵活调整？

6.自由 我们对结果的掌控和影响程度，以及是否可以根据经验和环境调整方法也是重要因素。你是否能接受结构化的工作场景，根据明确时间要求完成任务？如果答案是肯定的，那么你可能会不适应自由的工作模式。如果你可以灵活安排好自己的任务时间，可以按时完成，那么固定死板的时间安排则会适得其反。何种程度的限制最适合你？掌握多少权力能够激励你？

你可以跟随这些因素的指引，明确哪些能为自己和他人带来快乐，让这些因素成为你感知和分析的工具。

确认

从这里开始，你不妨创建一个自己的系统或框架，用它来判断自己身处的道路是否与自己的目标一致。这个办法很不错。你可以根据时间表、结果或其他要素来确认。相比之下，运用之前学到的方法比关注细节更加重要，你可以在实践中确认这条路是否适合自己，如果不适合，你将再次面临"问题时刻"。当然，这没什么大不了，因为下一个"问题时刻"总会出现。而在选择中保持谦虚才是关键所在，虚心接受自己错误的选择，及时止损，才能找到真正适合自己的道路。

从执行到探索，再循环往复的过程，就像是我们人生中的起起落落。我们并不是要去学习新的辨别过程，而是要明确自己对方向感的把控程度（清晰还是缺乏）。不过没有明确也不会有什么影响，但是这种把控能力可以帮助我们更好地看清现实，在探索与执行的过程中找到自己的位置。我们会慢慢具备出洞察力，使我们能够在合适的时间获得合适的资源，在未知领域中再次出发，发现前进的路径。

本章启示

◆ 寻路到造路的过程，是我们的"问题时刻"。

◆ 从发散性思维到收敛性思维都需要感知能力和辨别能力。

◆ 可以通过我们在学习、辨别、选择、确认几个角度了解我们的过滤讲程。

第十章　现在，随热情而舞

"我不是英雄，也不是榜样，"埃文·迪蒂格告诉我，"我只是一个滑板爱好者，我非常喜欢这项运动，我想通过教学和服务，与全球的滑板爱好者分享这种热爱。"埃文是Shred.Co的创始人兼执行董事。Shred.Co是一家教育公司，该公司的创建理念是通过推广滑板运动促进当地和全球人民的身体健康，为提高社会福利尽一份力量。在一名滑板运动员的资助下，埃文从青年时开始练习滑板，他相信滑板运动可以为自己社区，甚至全球的社区带来一种向上的力量。因此，他的公司不仅为儿童、家长开设滑板课程，还将滑板运动与美国的精神疾病治疗和戒毒疗程结合起来。全球各地的滑板教练都认为这是一项培养技巧、能力和信心的运动。

"靠推广滑板运动和分享我对滑板的热爱来养活自己，这是我这辈子做过最疯狂的事，也是最酷的事情。"几次练习后，埃文明确了自己的想法，他热爱滑板运动、渴望成为教育者/企业家，也想帮助他人，这些想法对他来说，既是召唤，也是事业。"希望这些孩子长大后能做些了不起的事，希望他们比我做得更好。我们可以通过滑板运动'拯救世界'。"

对滑板运动不感兴趣的人可能认为这番话很奇怪，但这无关紧要。埃文去了南非、古巴和尼加拉瓜，还为赞比亚、安哥拉、津巴布韦、莫桑比克和南非的年轻人送去新的滑板和装备，这是对他那番话和承诺的最好证明。埃文对滑板的热情不言自明。

没错，就是热情。

最后一章，让我们回顾一下转向的概念。从探索到执行，热情始终会为我们提供动力，帮助我们克服阻力。与之前一样，请你先不要关注于转向的对错，也不要被自己的好奇心驱动，请思考我们在边缘学习空间的行动。热情、转向、收敛思维和分散思维，都是可用有效的实践方法，如果我们根据情况恰当地使用这些方法，就能找到自己的定位，助力我们前进。我们在不确定的过渡期陷入激动情绪时，追随热情可能扰乱心绪，错过可能的路径，做出仓促的决定。然而，从寻路到造路正需要这种冷静，帮助我们停下来，进入询问和探索状态。但这种方法也可能抑制我们的动力、毅力和勇气，阻碍我们将自己的想法和抱负化作行动。

这里的关键在于，我们寻路的目的并不是为了恢复如常，尽管整个过程的结果是回到现实重新面对问题。但我们可以通过重新定位自己，进入边缘学习状态来重新振作，让热情成为动力的来源。这不仅仅需要决定前进的方向，还需要知道是什么激励自己到达那里。这两个问题都会影响那个我们曾探究的问题：如何摆脱困境。

多少才够呢？

这又让我们回到了起点，面对那个最初让人陷入困境的问题：不清楚自己的热情在哪里，也不清楚如何用可持续的方式将热情注入生活。寻路的价值不在于找到答案，我们已经掌握了实践原则和方法，可以借助这些方法发现有意义的事物，探索可能实现目标的多种路线，这也许需要花更长的时间。**困境会迫使我们停下来，提出新问题，进行探索，而不是将不确定性视为威胁。**

Stuckness becomes an invitation to pause, ask new questions and explore, rather than view uncertainty as a threat.

我们已经走上了跑道，尽

管无意参与比赛，但这让我们将追随热情视为一种紧急的激动回应，它是一种创造性的提示，激励我们反思我们是谁，以及什么对我们和他人来说是重要的。这就是埃文所做的，他明白了是什么在激励，找到了自己的热情与理想的交叉点。埃文设计出了一种连接的框架，这个框架很小，但足以让他与当地和全球的服务对象联系起来。埃文已经为数亿人提供了服务，但他的志向在于服务全球大众。这种方法与滑板文化的精神一致，为埃文带来了巨大的喜悦。埃文在职业和个人生活中找到了既可管理又可持续的发展方式。

发挥自己的影响力

人们会认为，只有惠及数百万人的努力才能得到重视，像埃文这种"微不足道"的努力并不被人看好。我们总觉得，规模越大，越重要。有时确实是这样。对于传染病和癌症药物的研制而言，样本规模是关键。本书也很重视样本规模，书中的例子既适用于个人，也适用于社区。也就是说，我们经常忽视规模在寻路中的重要作用。

我曾无数次坐在桌子或视频电话前，听人们讲述自己在"问题时刻"做出的决定，有的关于成长，有的关于变化或其他大大小小的决定。我喜欢这样，也乐于帮助大家在高层实现更高的目标。我与高管、思想领袖以及想要做出巨大转变的人合作，他们具备影响世界的能力。这简直太棒了。

但这不是每个人都能做到的。

在第六章中，我们通过希望指南针思考了几个问题：我们希望的是什么？希望能解决什么问题？谁的问题？为什么我们是解决这些问题的合适人选？有哪些可能的方法来解决这些问题？但是，我们没有考虑解决问题的规模，其实，这些方法可以用来处理不同规模的问题，结果仍然意义深远。不过，当我们没有留出时间思考更多、更有可能、更快、更好的结果，急于前进或转折时，往往会忽视问题的规模。不如想想目前常谈的例子：终身学习和技能培养。

在一个快速变化的世界里，终身学习和培养技能都是我们必须面对的挑战。年轻人磨练技能，只为在未来找到一份工作；中年工人学习跨专业技能，只为进入科技领域；领导们开发、使用新的框架模型，只为提供多元的工作环境。终身学习，是21世纪20年代的我们必须面对的挑战，我们必须终身学习，为未来做好准备。

如果把这个问题抛给全球范围内任意一群教育和学习领域的人，一定会收到各种关于高效面对挑战的方案。个人会认为，可以在全球范围访问的在线平台可以解决问题，这个平台可以提供多语种课程，课程内容与文化和当地事件相关。这种全球交互项目需要筹集数百万美元用于投资基础设施建设。如果项目成功了，会影响到数百万人，创始人的名字也会出现在名人榜和各大新闻头版。对于管理大规模组织的人员来说，他们的日常工作大多是监督执行、关系管理、收集联络信息，支持社区或街区的愿景。许多想要有所作为的人都有这种愿景（有意识或无意识的）。那些立志做这些事情并真正做到的人，正是我们认为的成功者。我们仰望他们，渴望成为他们。他们以全球视野看待生活，解决我们面临的问题。

我们也需要他们。

在教育学习领域，还有百万人在关注其他层面的工作。事实上，大多数人的影响力限于当时当地，无法解决全球大规模问题。这就是为什么我们需要了解自己理想的影响力和影响规模的原因。影响力既可以指引方向，也可以帮助我们分辨哪些努力是有价值的，无论它们是否会让我们登上《福布斯》或《财富》榜单。你可以参考图10.1中的影响力漏斗。

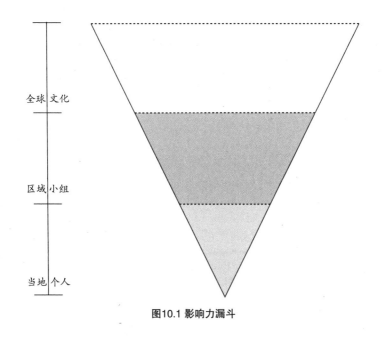

图10.1 影响力漏斗

希望和影响力

希望指南有助于你理解影响漏斗的提示，因为这些工具都可以结合起来配合使用。在你问出"我想解决什么问题？""我希望解决谁的问题？"的同时，思考"这些人在哪里？有多少人？在这个社区里吗？"会让你对自己的目的有更深刻的认识。你可能因此发现新的机会，这也会给你一个机会反思自己在某个领域的影响力。就埃文而言，他希望帮助更多的人建立信心、为他们和社区创建联系，这也是他工作的中心思想。热情可以成为一盏明灯，帮助埃文分析Shred.Co公司在未来几年的发展以及在影响力的变化。如果埃文继续追求自己对于滑板运动的热情，与其他滑手建立联系或创建滑板社群，他也许会把生意做得更大，但这不是埃文想要的，也不是哪些接受过埃文帮助的人想要看到的。如果埃文缩小项目范围，提高灵活性，那么项目的影响力可能不会传播到世界各地。这两条路都不涉及更好或更坏。影响力通过不同方式体现，而需求却存在于每一个层面。有的人毕生都在照顾残疾儿童，也有的人建立了全球网络，你能说前者的影响力不如后者吗？

影响力大小取决于你希望得到什么，你希望解决什么问题，你想解决谁的问题，以及你想如何解决问题。

本章启示

◆ 从探索到执行的热情反应可以成为我们的动力。

◆ 了解热情在哪里对我们有益，在哪里会成为阻碍，可以知道该在哪些时刻应跟随热情的指引。

◆ 将热情融入生活，有助于我们在寻路的旅程中确定方向。

第十一章 "问题时刻"与未知中的生活

现在是时候探索停滞阶段蕴含的创造潜力了，不要把精力投入在一个领域。这不是放弃承诺，而是承诺的对象在不断变化。

——玛丽·凯瑟琳·贝特森

在停滞和冲突阶段，我们会度过充满未知的过渡期，这激发了巨大的创造潜力，可以让我们反思并调整做出的承诺。

——琼·鲍尔

"很奇怪，"萨拉通过视频对我说道。"我知道现在已经乱成一锅粥了，但我感到意外的平静。"那是2020年3月中旬，我们聊起了疫情对她工作和生活的影响。在那之前，我已经和萨拉共事了6个月，那段时间我们在做一个培训项目。疫情前，我们曾有两个月没有联络。萨拉意识到：疫情就是"问题时刻"。她找到了自己的隐喻，内心充满了好奇，思考着自己该如何在这个人类历史上前所未有的变局中开展试验。萨拉告诉我："我还是不知道接下来该做什么，但我感觉轻松了一些，我知道新阶段已经来到，我会找到自己的出路。"

在2020年初，我接到了很多类似的咨询电话。这些人都意识到了自己与不确定事件的关系，正在这个影响全人类、引发无数中断与混乱的"问题时刻"找到自己的应对方式，因此，他们很快就调整好了自己的状态。我也曾与一些领导沟通过，他们在为自己的团队头疼的同时，也为孩子的教育煞费苦心。一线工作人员想方设法在不被感染的情况下看望家人。还有数百名学生正在经历从学校到职场的转变。无数人都在以不同方式承受着这个波及全球的"问题时刻"带来的影响。

我在上文中已经强调，这些人可没有拿出什么行动清单或者指引教程。如果不是这样，我或其他人提出的一切建议可能就会适用于所有情况了。使用自己探索出的方法应对挑战，能够让他们认识自己的威胁反应，收集需要的资源来更好地应对下一次的危机。

疫情是历史性的"问题时刻"，它证明了做好准备的重要性。我们基于自我认识创造出框架方法来应对从未想象的事件，在这之中理解了我们是谁，以及想要去哪里。这是一种进化过程，是贯穿一生的实践。生活会给我们带来一系列挑战，明确自己的位置，就是让我们平复好奇、开始探究和探索，这需要我们全神贯注、保持耐心和虚心，因为人类常常会在原地兜圈。

哈罗德·盖蒂（Harold Gatty）在《没有地图或指南针也能找到路》（*Finding Your Way Without a Map or a Compass*），一书中阐述了人类容易在原地兜圈的原因。这一结果来自他对全球各地社区人群的大量观察研究。无论我们是否掌握技巧，寻路都是颇具挑战的实践过程，盖蒂在研究中找到了一些思路。

人类的身体构造本身就会带来不同的挑战。我们的右手与左手存在力量差异，在划船、游泳等活动中都会影响前进方向。腿的长度也是如此，哪怕只有细微的差距，都会在前进中影响走路的方向。盖蒂表示："基本上所有人都会走偏。如果蒙上眼睛，大多人都会在一小时内原地兜圈。也有人偏离的速度慢些，他们走1到6个小时才会迷失方向。没有人能一直走直线。"这种偏差与盖蒂对迷路的观点一致，他建议在实际训练中记录方向变化和偏离程度，这样就能在没有导航工具的情况下找到方向。一只手拿着背包，摸索绳子，也会产生影响，这些影响在当时难以察觉，可它最终会让你偏离正轨，走成一个圆圈。这就好像在说人类注定无法走出直线。

无论是出于偶然还是本能，当我们偏离方向时，环境会对我们产生影响。刮风、下雨、沙尘暴，甚至艳阳满天，空间情况的变化也会产生影响。盖蒂认为，当一个人面临障碍或选择时，会产生一种心理倾向，这种倾向通常会让我们偏向右边。因此，盖蒂的结论是，无论我们如何在没有地图或指南针的情况下探索方向，都会受到生理、心理倾向，环境因素以及突发事件的影响。这听起来很像是寻找自我世界契合点的过程。

这印证了我们的观点：在变化的环境中，优势、不足、大脑和身体的节奏以及突发事件，都会让我们偏离正轨。如果我们收集了需要的情绪、生理、物质和社会资源，也许就能在探索与实践中灵活转换；或者，我们需要接受：工作、生活、社区以及它们背后的体系可以接纳我们的不完美和小错误。也许，在探索和培养寻路思维和技能时，我们可以带着"人类生来就无法走上笔直的道路"这种观念，调整自己的期望。

请准备好应对"问题时刻"

"问题时刻"不可避免。如果我们总是执着于避免"问题时刻"，就会发现自己无法越过舒适地带，将错过那些富含创造力的机会。现在，请你根据以下问题，再次思考，你是谁？你想去哪里？

通常情况下，你对"问题时刻"做出什么样的反应？

这些反应在家庭、工作、社区领域是否有所不同？

这些反应在复原力转盘的不同模块是否不同？

你是否曾因某些人或某些环境产生激动情绪和反应？它们是有益的还是无益的？

在什么情况下，你觉得自己的复原力最强？

在什么情况下，你觉得自己的复原力最差？

你上一次因"问题时刻"感到惊慌失措（当时把它当作生死攸关的时刻，但后来意识到自己不必那样激动）是什么时候？

如何通过"停下、询问、探索"的思维模式应对不同情况？

是否有一次，你希望自己在采取行动之前，对情景和自己的选择应花更多时间思考？

如果你再次面对曾让你惊慌失措的"问题时刻"，你是否会做出不同反应？结果是否也会改变？

现在可以收集哪些资源，为下一个"问题时刻"做好准备？

如何帮助其他人或你的团队成员驾驭"问题时刻"？

你还需要问自己那些问题？

无论我们是否接受过相关培训，在"问题时刻"来临时，大脑都会立即做出反应。如果变化会带来威胁感，就会引发激动情绪。请记住，情绪激动并没有错，我们得接受自己的所有情绪。不要批判情绪、反应和回应，我们要做的只是调动适当的资源，学会调节情绪。以下问题可能对你有所帮助：

你在什么情况下，觉得很难停下、询问或探索？

过去5年，你经历过哪些"问题时刻"？是否产生"战斗、逃跑、僵住"反应

如何判断你即将出现的情绪反应？

当你发现自己处于消极情绪时，可以做些什么来改变这种反应？

可以请谁帮忙分析观察你的的反应，给你真实的反馈和建议？

保持自信和谦虚

在本书开头，我们借用了消防员的隐喻，这个隐喻在这里也依然适用。应急救援人员训练有素，他们能在紧急时刻调用自己的经验和技能，但是即便如此，在情况不明时，他们也无

从应对，因为每一次紧急情况都截然不同。这就说明，技能和实践能为我们增强信心，深入了解新的情况，而我们还要探持谦虚，承认自己还无法确定最佳解决方案，需要继续探究问题，找到答案。以下问题可以供你参考反思：

我是否需要更加自信？或者是否需要更加谦虚？才能渐入佳境？

我要如何把握自信与谦虚的程度？它们如何相互影响？

我最好的朋友会认可这个评估结果吗？

我的爱人会认可这个评估结果吗？

我的领导和商业伙伴会认可这个评估结果吗？

我的下属会认可这个评估结果吗？

寻路是一门艺术，没有放之四海皆准的道理。探险家有自己善用的工具和技巧，寻路也是一样，每一个寻路者都应根据自己的情况培养技能，投入实践。你选择的工具会与别人不同，使用它们的方法和场景也要因时而变，这就是为什么我不建议你套用已有方法的原因。以下问题供你参考：

书中哪个故事最吸引你？

你可以结合自己的实践选择哪种寻路工具？

这些工具会像书中的案例一样有效吗？会适用于你的情况吗？你该如何尝试它？

如何进一步调整或者拓展这些工具，让他们满足我的个性与需求？

如何知道自己是否已经身处实践？是否已经处于"攀爬珠峰的第一阶段"？

如何知道自己是否已经开始探索？是否已经身处"珠峰大本营"？

如何实现探究与实践的相互转换？

帮助他人应对"问题时刻"

为更好驾驭"问题时刻"，在边缘空间学习，我们需要分析探讨与持续的实践。如果你正在读这本书，那么你已经走在了别人前面。我们也可以帮助别人学会"停下、询问、探索"。帮助他人，并不是要你在别人情绪激动时开导他们，而是帮助它们学会正确的方法，扑灭自己"衣服上的火苗"。那么，如果同事或朋友向你寻求帮助，我们可以在不明情况时指引他们"停下、询问和探索"吗？以下问题可以供你思考：

他们在什么时间向你寻求建议和帮助？是刚刚遇到"问题时刻"吗？

我给建议了吗？我有倾听吗？我安慰他们了吗？我还做了什么？

如果你明天又接到一个类似的电话，会处理地更好吗？

如何在我的团队中运用"停下、询问、探索"方法？

这个方法在家庭中也适用吗？

在不确定的时代，我们需要新的生活方式，既要无比谦逊，又既要大胆无畏。这的确有点矛盾。我们要乐于探索，但不要在探索中分心和迷失。我们需要准备好面对未来工作、科技、文化、气候以及社会经济变化带来的挑战，适应这个不断变化的世界。

我为这本书付出了很多，本书的名字本来应该是"流动"（*Flux*），我为它买了域名，花了两年多的时间总结书中内容，写成提案交给了编辑，促成了这本书的诞生。我们做好了插图，写好了推荐。然而，就在封面获批的前一周，有位网友通过私信告诉我："我看到了您的简介，您有一本书的书名和我朋友的书名一样。"她还附上了链接，那本书比我的书早出版了四个月。两本书内容完全不同，只是撞了标题。

对我来说，这就是一个"问题时刻"。已经临近截止日期，我一刻不停，我必须高质量地完成这本书，为此我需要停下来问自己（还有我的编辑）接下来该写什么内容，对自己保持高要求。创作过程中，我每天都会用到自己的研究理论，这让我很有成就感。也让我能够知道，我对别人的观察总结出的方法是否对自己也有用。我曾有两周停止了写作，思考更换标题是否会影响写作进度，这也让我得以了解其他人如何面对这样的挑战。

我对于书名的抉择让周围的人头疼不已，他们说："你一定很心烦，不要考虑其他名字了，你的书一定比那本更好！坚持你的选择！"

这些建议都让我感到激动，我停下来思考，重新振作，考虑该如何定位这部作品，也在思考另一部作品在"问题时刻"对我的影响。这让我深入思考了通常意义上的流动，自己思绪的流动，以及和其他人头脑中想法的流动变化。

我的本意是让这本书成为人们"自我治愈"或指导职业发展的工具书，但是这个"问题时刻"让我有了进一步思考。当然，我希望大家能通过这本书更好地驾驭自己的"问题时刻"，也可以在他人遇到转折时帮助他们。许多"问题时刻"都会让我们从起点开始"停下、询问、探索"，因此，我找到了新的书名。自本书成稿以来，世界发生了巨大的变化。2021年，所有人都有目共睹。本书旨在提醒我们注意自己与变化和不确定之间的关系，接受变化、习惯变化，克服恐惧和不适，在变化中成长。这本书也让我们思考"我是谁""我们要去哪"，这两个问题的答案可以帮助我们面对每个人一生中都会面对的探索过程。

我们生活的世界充满了未知，这一点没有人可以改变，与其让自己时刻准备应对变化，不如学着去接受它，拥抱它。本书中讨论的所有方法和实践，都旨在帮助你成为开拓者，成为冒险家，成为人生旅途中乐于提出问题、解决问题的探索者。

因此，即使世界稳定下来，我们也需要不断地学习、辨析、选择、确认，这就是生活的本质。如果我们能避免落入恐惧循环，秉持试验思维，那么生活中的变化和转折就不再那样难以应对。就算不知该去往哪里，我们也要相信自己解决问题的能力，驾驭转变和过渡。寻路是一种生活方式，它让我们在艰难时期也能取得进步和收获。接受变化，驾驭变化，为未来的行动谋划布局，我们就能获得成功。

这本书的主旨并不在于激励你做出改变，而是要让你追赶上变化的步伐，快速调整状态，准备好重新出发。我邀请你们参与的调查有些不同。就像是爬山、创业或竞选前需要准备，本书也提醒你要做好准备，筹备、开发、收集资源、平复好奇心和实践中学习在新的领域都是至关重要的能力。显然，21世纪20年代就是一个充满未知的时代。

现在，本书已经接近尾声，但请你不要把这当作结束，而是当作下一个起点。书中的三大步骤和十种工具并不能帮你实现梦想，但是可以让你认识到：在这个变化的时代，无论是普罗大众还是国际层面的决策者，都需要掌握新的技能，具备新的能力面对未知的事件。

人类总是改变着周围的世界，这是众人皆知的事实。因此，我们不仅需要学会在不确定时期驾驭变化，还要在驾驭变化的同时找到自我世界的契合点，实现自身的发展。所有人都该如此。

那么，现在该怎么办呢？

结　语

完成手稿的几天前，我在社交平台上看到了罗布·弗里尔发的帖子。在这之前，我做好了笔记，想好了结论部分该写什么，但我看了这篇帖子后改了主意。我删掉了原本写好的内容，在征得罗布同意后，打算在结论部分分享罗布的心声。罗布在帖子中写道：

我辞职了。

我在一家大型酒业公司工作了九年半。我决定离开。我主动放弃了成功的事业和稳定的薪水，因为我需要休息。

我选择辞职，是因为超负荷的工作让我心力交瘁，我无法做完这些工作，这算不上成功。

我选择辞职，是因为我觉得自己没有得到重视，我的薪水比同行低了20%。

我选择辞职，是因为我开始厌烦孩子每天早上的邋遢拖延，只因我必须尽早到公司回复邮件，我讨厌这样的自己。

我选择辞职，是因为我需要放慢脚步，休息一下，而不是在早上五点醒来后，就要立即查收邮件。

这是我职业生涯中的一个重大决定，我离开了稳定的工作环境，选择去迎接未知的挑战。

这可能是最好的决定，也可能是最坏的决定。我是在拿自己打赌，但我也很好奇，这将引领我走向怎样不同的未来。

我会想念我的团队、我的朋友和公司的大家庭，我们曾一起度过无数个奋斗的日夜。他们给我美好的祝愿，有些人说会为我介绍新的机会，有人说我很有勇气，还有人说他们也不会被我落下。

我将会想念这些宝贵的人际关系，所以如果有人想聊聊，欢迎随时找我，我现在可有很多时间了。无论是关于我正在做什么，还是关于这个行业，只要有问题都可以给我发信息。

至于下一步是什么？谁知道呢！我打算花一些时间给自己充充电，好好反思一下，重建自我。我将变得更加强大，更加快乐。

罗布选择了停下，踏上了提出新问题，探索新选择的寻路之旅。他并不是个例。2020年，一场大流行病导致全球数百万人都和罗布一样，他们停下来，思考自己是谁、什么对他们来说是重要的。一些人认为这都是一种"膝跳反应"，在现代历史上前所未有。事实可能的确如此，但过去十几年里，由于技术的发展，这种巨大规模的辞职、裁员和职业变动一直在发生。这种停滞现象成为了我开展研究，创作本书的催化剂。在20世纪的今天，我们仍然需要"停下、询问、探索"，以此适应不断变化的环境。

如何在这个动荡的年代生活？我们需要什么样的资源来创造或改造体系，让我们个人和组织成长壮大？在这个未曾涉足的领域里，我们该走向何方？

过去10年，我一直在研究这个课题，学到了很多驾驭未知变化的方法，将来也会继续基于这些问题开展研究。其实，我希望所有阅读本书的人，和所有对这个课题感兴趣的人，无论是个人还是团队，都能与我一起参与到未来的研究中。你可以加入我的研究，也可以在自己有兴趣的领域继续探究，最重要的是把本书的结尾当作一段新旅程的起点，继续探索自己与这个变化时代的关系。

这是21世纪初期每个人都需要面对的旅程，这段旅程可能路途艰辛，但还是会让人兴奋激动。新的探索者们很清楚：未来我们可能会生活在全新的体系中，没有成功经验可以借鉴，甚至还会与过去的经验相悖。这本书可以帮助你调整自己的步伐。你可能正在尝试一些新事物，或者你已经做出了具体的决定。这本书会激励你做出重大改变，让你对自己的选择更加坚定。你需要什么能力、资源，需要做出什么样的转变来实现目标，这些问题我无法回答。我也不知道你的组织和团队正在为实现什么目标而努力，更不知道你如何定义成功，或者你愿意牺牲什么来获得成功。你可能也不知道，但我们可以一起探索答案。

正是这些问题，让我能与罗布这样的人共事，一起试着选择不同的角度看待事物，希望在未来探索出新的工作方式。我希望寻路的人们可以彼此相遇，相互支持，分享资源、想法和经验。我们还可以在这里互相分享正在学习的东西。因此，这本书绝不是答案之书。我们在书中提出问题，创造学习空间，在阅读过程中思考有意义的事情，完成有效的工作，在实际生活中继续奋发，还可以与那些迷途的人们分享见解和资源，帮助他们照亮前进的道路。

我们已经创建了一个寻路者社群，在那里我们会一起学习如何在不确定的时期驾驭变化、探索新的道路，借助书中工具实现从探索到实践的相互转化。你也可以加入我们，成为这个大家庭中的一员。无论你是刚离开校园进入到职场的学生，一个有志于从事自己喜欢工作的职场新人，还是一个正在创造未来职业的成熟领导者，都可以将边缘空间当作一种过渡性的学习空间。我很希望与你们分享我在现阶段的探究过程。如果你继续这段旅程，我希望你能带着一些新的观点，这有助于指导你找到前进的道路。有些观点会引人共鸣，有些则不会。这是意料之中的事，我们也乐于看到新的观点，因为在这个历史性的时刻，所有人都需要规划自己的路线，收集自己需要的资源。

你已经非常忙碌，因此，请不要把这件事加入日程清单了。不如就把这次旅程当作一段冒险，我们一起塑造新的组织形态、社会群体和生活方式，为人类的繁荣发展贡献力量。我们致力于让你在没有真北、指南针或地图指引的情况下找到新的前进方向，探索未知世界。尽管有政治、经济、环境、贷款和年龄歧视等问题，我们也不会因此退缩。当然，对一切事物保持积极态度也不能帮助我们把问题解决。你可能会不适应新的领域，变化也可能会令你感到不舒服，但我们生在这个时代，这是我们能抓住的"救命稻草"。我们需要充分认识自己，向生活在动荡时期的前辈们一样，想清楚自己要过什么样的生活，希望如何影响所处的环境，以及在这个新环境中的繁荣发展意味着什么，这需要我们跳出理论，付诸实践。

我们可以问自己这样的问题：

如果我们在过渡期产生了威胁反应，我们和团队应该如何面对？

如果感知到威胁让我们和团队产生了消极的情绪和行为，

那么我们应该如何重塑对它的看法？

在面对不确定的转变和变化时，如果恐惧导致了冲动的行为和消极的情绪，我们应该如何扭转这种局面，以探索性思维应对不确定性事件（即使在没有充分准备，并且处于没有帮助的环境中时）？

我提出这些问题，不是钻牛角尖，也不是为了自圆其说。这些都是具体而实用的问题，促使人们为面对变化做好准备。具备积极复原力，可以让未来的领导为自己和团队的寻路之旅提供指引。因此，我们都需要具备积极的复原力。尤论你要处理的是全球问题、区域问题、社区问题还是家庭问题，都需要意识到，新的"问题时刻"也许就在不远处等待着我们，这些问题不仅限于气候变化、贫困、社会动荡、种族不平等这样的重大问题，可能还有很多我们从未想象过的问题，我们需要那些拥有自己的资源、希望、试验思维的引路者，用充满创造力、谦逊和谨慎的态度理解如何在 21 世纪 20 年代面对新的机会和挑战。

全球流行病、政治和社会动荡、技术迭代，我们正面临一个巨大的拐点。现在不是人类历史上的第一个"问题时刻"。在历史长河中，我们的祖先也曾站在转折点上，提出了几千年来不变的问题：我们是谁？什么才是美好的生活？我们该何去何从？在面临新的巨大变化时，这些问题会变得更加尖锐，可能需要数十年来回答。

技术、科学和虚拟现实

那些看似真实的虚拟事物往往变化速度很快。这里不仅指那些游戏头盔，还有人工智能、机器学习、区块链、量子计算、虚拟现实（VR）、增强现实（AR）、物联网和机器人，这些我们在博客和播客圈子里热议的技术已经影响了医疗卫生、法律、教育、制造业和艺术等不同领域。这些技术已经慢慢进入了生活的方方面面，大量人类工作被机器替代，人类的未来仍是未知。这也引发了一系列问题：如何让资源和权力能够公平、平等地分配？我们在工作和生活中会与机器进行多重现实交互，如果这种交互过程被记录下来意味着什么？如何缩小技术鸿沟？

在虚拟现实中终身学习

新的技术不断更新迭代，技能的生命周期也不断缩短，人类必须更快掌握最新信息，这在人类历史上前所未有。人们认为，掌握搜索信息技能的人往往受教育程度较高，但是信息流由算法在背后驱动。这就说明，我们接收到的信息会不断回流，因此，即便是学历最高的人，也难以判断自己搜索到的信息是真实、完整的。即便我们有发达的全球教育体系，人类也越来越难以找到方向。如果我们不再信任教师，那么上大学有什么意义？如果我们不信任平台，那我们又如何在网上学习？如何与时俱进地理解历史、权力、多样性和包容性？如何通过这些理解为社会体系、组织和社区带来平等和正义？

医疗保健、心理健康和人性

根据联合国收集的数据，自20世纪60年代以来，全球人类的平均寿命延长了20年，并且还有继续增加的趋势（鲁格里，2018）。越来越多的人可以更长寿，更健康，这是现代科学带来的美好成果。但是，当百岁老人群体达到一定规模后，我们的社会又将会是什么样子？我们会将退休年龄延后30到40年吗？如何为他人留出发展空间？如何适应老龄化社会，保证人们的身心健康？这对地球环境、经济和教育体系有什么影响？这些技术是否会影响我们的生死？失去生命体征后，人的思想和记忆可以上传到虚拟空间，在这种情况下，我们还能留住自己的思想吗？这会不会影响我们对人类存在意义的思考？

这些问题听起来像科幻小说，但如今，许多技术已经成为了现实，而且这仅仅是冰山一角。技术发展速度越快、越先进，我们（和人工智能）就会把它们应用得越广泛。跟上变化的步伐，不仅仅是在人才服务中心开发更新更好的培训项目。我们正站在未知领域的边缘，从未像现在这样需要全球社区帮助我们了解这个不可思议的全新领域。

致谢

感谢过去10年与我合作的个人、团队和组织，没有他们，这部作品就不会诞生。

还要感谢Aura Lehrer、Christine Anisko、Kim Gabelmann、Brittney Hiller、Stephanie Roth、Jody Weatherstone、Erika Simmons、Erica Buddington、Ashley Rigby、Tim Gilligan、Shireen Idroos、Tricia Douglas、Natalie Kuhn、Efrat Yardeni、Jamila Wallace、Erin Rech、Shikha Mittal、Matthew Politoski、Evan Dittig、Melissa Shaw Smith、Hannah Maxwell、Jordan Novak、Linda Mensch、Chelsea Simpson、Rebecca Pry、Elise Johansen和Ava Burgos，感谢他们与我一同交流反思，愿意与我一起探索未知。

感谢Kat Scimia（现在叫 Galbo！）在圣约翰大学建立的寻路工作坊，让我能在那里帮助学生们度过转型期。感谢Winnie Li、Rachel Hoffman、Heidy Abdel Kerim、Kenzy Shetta、Ada Lee、Kristin Sluyk、Raquel Paul、Li Wanrong、Linyue Wang以及其他帮助过我完成这项研究的人。

感谢我的编辑、老师和教练Nancy Rawlinson。因为她的审阅和评价建议，我才知道该如何用自己的语言分享我的研究成果。如果没有她的辛勤工作，就不会有这本书。

衷心感谢我的咨询师Tom Goodwin、我的编辑Géraldine Collard和出版公司。感谢你们友善的提示，让我能如期完成这部作品。我再也找不到像你们一样优秀的团队了。

感谢寻路俱乐部和社群中与我分享故事的人们，有了这些案例，我的思路才得以拓展。

尤其感谢我亲爱的朋友Rebecca Taylor，感谢你在截止日期的那段时间陪我一起遛狗散步，给我鼓励。

最后，我还要特别感谢我的家人Kelsey、Ian、Andrew、Martin，感谢你们无数日夜的陪伴、支持、建议和聆听。

拓展阅读与参考文献

扫码获取